# まえがき

新学習指導要領の改訂により、小学校で学ぶ内容は英語なども加わり多岐にわたるようになりました。しかし、算数や国語といった教科の大切さは変わりません。

そして、算数の力を身につけるためには、学校の授業で学んだことを「くり返し学習する」ことが大切です。ただ、学校では学ぶことはたくさんあるけれど、学習時間は限られているため、家庭での取り組みが一層大切になってきます。

**ロングセラーをさらに使いやすく**

本書「陰山ドリル　初級算数」は、算数の基礎基本が身につくドリルです。

長年、小学生や保護者の皆さんに支持されてきました。それは、「家庭」で「くり返し」、「取り組みやすい」よう工夫されているからです。

今回、指導要領の改訂に合わせ、内容の更新を行うとともに、さらに新しい工夫を加えています。

**陰山ドリル初級算数のポイント**

・図などを用いた「わかりやすい説明」
・「なぞり書き」で学習をサポート
・大切な単元には理解度がわかる「まとめ」つき

つまずきを少なくすることで「算数の苦手意識」をなくし、できたという「達成感」が得られるようになります。

本書が、お子様の学力育成の一助になれば幸いです。

陰山英男・桝谷雄三

# もくじ

# かけ算のきまり (1)

名前

おはじきゲームをしました。

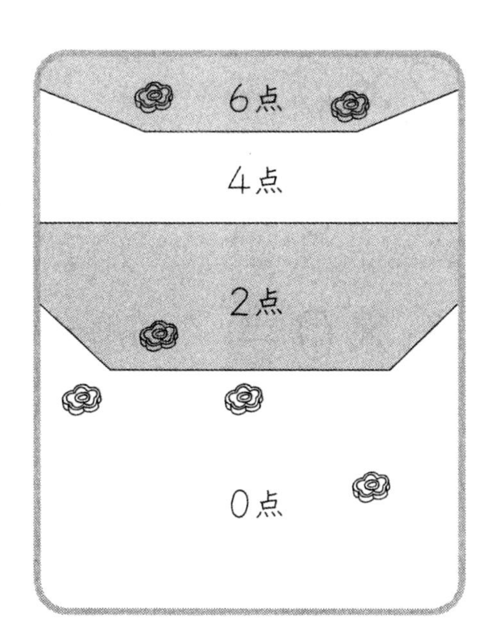


① おはじきが入った数を表(ひょう)にかきましょう。

| 6点 | 4点 | 2点 | 0点 |
|---|---|---|---|
| | | | |

② とく点を調(しら)べましょう。

点数×入った数＝ とく点

㋐ 6×□＝□

㋑ 2×□＝□

③ 4点のところは、おはじきがないので0点です。
とく点をもとめる式(しき)をかきましょう。

点数　入った数　とく点

4×□＝□

④ 0点のところは、おはじきが入っても0点です。
とく点をもとめる式をかきましょう。

点数　入った数　とく点

0×□＝□

月　日

# かけ算のきまり (2)

名前

**1** 次(つぎ)の計算をしましょう。

① $1\times0=$　　② $2\times0=$

③ $3\times0=$　　④ $4\times0=$

⑤ $5\times0=$　　⑥ $6\times0=$

⑦ $7\times0=$　　⑧ $8\times0=$

⑨ $9\times0=$

どんな数でも0をかけると
答えは、0になります。

**2** 次の計算をしましょう。

① $0\times1=$　　② $0\times2=$

③ $0\times3=$　　④ $0\times4=$

⑤ $0\times5=$　　⑥ $0\times6=$

⑦ $0\times7=$　　⑧ $0\times8=$

⑨ $0\times9=$

0にどんな数をかけても
答えは、0になります。

# かけ算のきまり (3)

名前

**1** 下の図を見て、4のだんについて考えましょう。

㋐ $4\times3$

㋑ $4\times2+4$

① 次の□に数をかきましょう。

㋐ $4\times$ [3] $=12$

㋑ $4\times$ [2] $+4=12$

② ㋐の式(しき)も㋑の式も12になります。

$$\underset{㋐}{\underline{4\times3}}=\underset{㋑}{\underline{4\times2+4}}$$

＝は**等号**(とうごう)といいます。
＝の左と右の式や、数が等(ひと)しいことを表(あらわ)しています。

**2** 次の□に数をかきましょう。

㋐ $4\times3$

㋑ $4\times4-4$

$4\times3=4\times4-$ □

4×3の答えは、4×4の答えより□小さい。

# かけ算のきまり (4)

名前

下の図を見て、3×4について考えましょう。

① おかしが、たてに3こずつで、横に4列ならんでいます。全部で何こありますか。

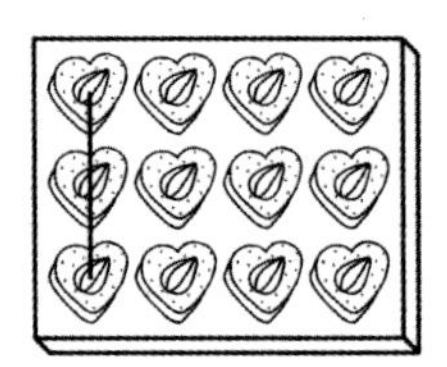

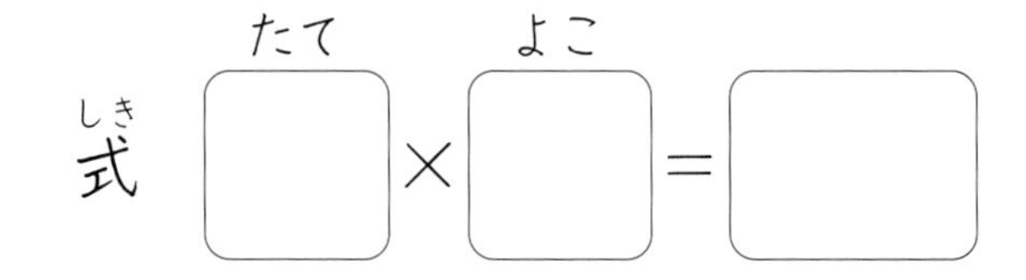


答え

② 上のおかしの箱の向きをかえました。おかしは、全部で何こありますか。

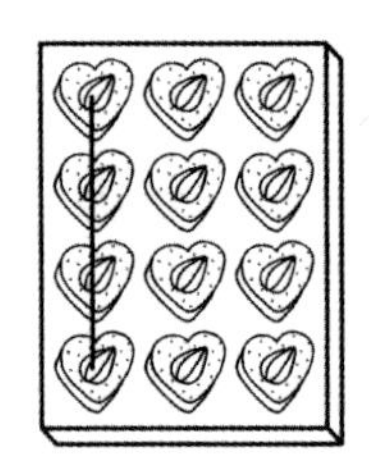

式

答え

③ 箱の向きをかえても、おかしの数はかわりません。

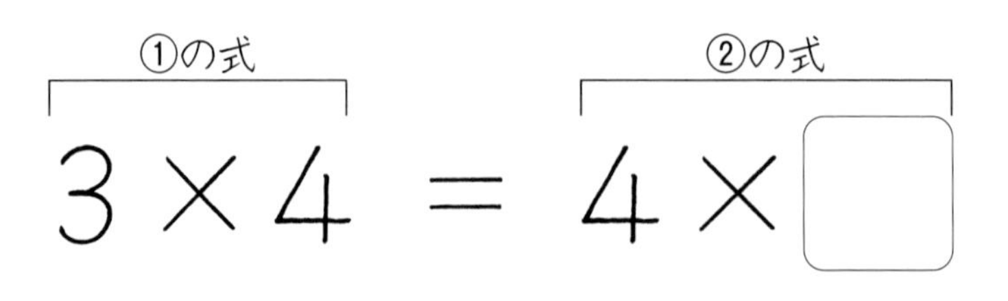

かけ算では、かけられる数とかける数を入れかえても、答えは同じです。

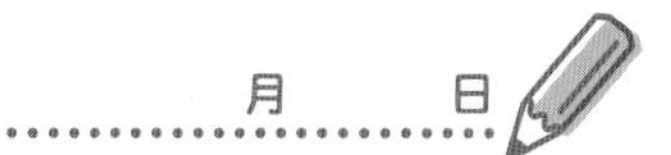


# かけ算のきまり (5)

名前

**1** 次の□に数をかきましょう。

① $6 \times 4 = \square \times 6$

② $8 \times 3 = \square \times 8$

③ $7 \times 9 = 9 \times \square$

④ $5 \times 2 = 2 \times \square$

**2** 九九の表を見て、答えが同じ九九を見つけましょう。

**九九の表**

| | | かける数 | | | | | | | | |
|---|---|---|---|---|---|---|---|---|---|---|
| | | 1 | 2 | 3 | 4 | 5 | 6 | 7 | 8 | 9 |
| かけられる数 | 1 | 1 | 2 | 3 | 4 | 5 | 6 | 7 | 8 | 9 |
| | 2 | 2 | 4 | 6 | 8 | 10 | 12 | 14 | 16 | 18 |
| | 3 | 3 | 6 | 9 | 12 | 15 | 18 | 21 | 24 | 27 |
| | 4 | 4 | 8 | 12 | 16 | 20 | 24 | 28 | 32 | 36 |
| | 5 | 5 | 10 | 15 | 20 | 25 | 30 | 35 | 40 | 45 |
| | 6 | 6 | 12 | 18 | 24 | 30 | 36 | 42 | 48 | 54 |
| | 7 | 7 | 14 | 21 | 28 | 35 | 42 | 49 | 56 | 63 |
| | 8 | 8 | 16 | 24 | 32 | 40 | 48 | 56 | 64 | 72 |
| | 9 | 9 | 18 | 27 | 36 | 45 | 54 | 63 | 72 | 81 |

・答えが6になる九九は、下の4つです。

$1 \times 6 = 6$
$6 \times 1 = 6$
$2 \times 3 = 6$
$3 \times 2 = 6$

・同じ数を見つけたら九九をいってみましょう。

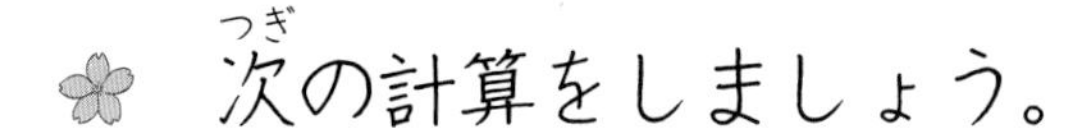

# たし算 (1)

名前　　　　　　　　月　　日

✿ 次（つぎ）の計算をしましょう。

①

| | 2 | 5 | 3 |
|---|---|---|---|
| ＋ | 6 | 4 | 1 |
| | | 9 | 4 |

たし算は、数が大きくなっても一の位（くらい）から、十の位、百の位へと、じゅんに計算します。

②

| | 1 | 4 | 9 |
|---|---|---|---|
| ＋ | 5 | 3 | 0 |
| | | | |

③

| | 5 | 0 | 2 |
|---|---|---|---|
| ＋ | 1 | 8 | 3 |
| | | | |

④

| | 1 | 2 | 3 |
|---|---|---|---|
| ＋ | 8 | 4 | 5 |
| | | | |

⑤

| | 6 | 6 | 0 |
|---|---|---|---|
| ＋ | 2 | 3 | 0 |
| | | | |

⑥

| | 3 | 7 | 1 |
|---|---|---|---|
| ＋ | 5 | 1 | 8 |
| | | | |

⑦

| | 6 | 2 | 5 |
|---|---|---|---|
| ＋ | 1 | 2 | 4 |
| | | | |

月　日

# たし算 (2)

名前

次の計算をしましょう。

①

|  | 8 | 1 | 6 |
|---|---|---|---|
| ＋ | 1 | 2 | 9 |
|  |  | 1 | 5 |

くり上がりがあるとき、上の位に小さく1をかくと、まちがいが少なくなります。

②

|  | 5 | 2 | 7 |
|---|---|---|---|
| ＋ | 3 | 1 | 4 |
|  |  |  |  |

③

|  | 2 | 1 | 5 |
|---|---|---|---|
| ＋ | 5 | 3 | 7 |
|  |  |  |  |

④

|  | 4 | 2 | 8 |
|---|---|---|---|
| ＋ | 3 | 2 | 5 |
|  |  |  |  |

⑤

|  | 2 | 6 | 6 |
|---|---|---|---|
| ＋ | 3 | 1 | 6 |
|  |  |  |  |

⑥

|  | 1 | 0 | 8 |
|---|---|---|---|
| ＋ | 5 | 4 | 4 |
|  |  |  |  |

⑦

|  | 6 | 2 | 7 |
|---|---|---|---|
| ＋ | 1 | 5 | 8 |
|  |  |  |  |

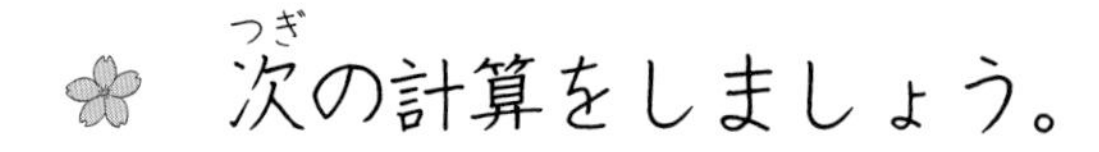

# たし算 (3)

月　　日

名前

✿ 次(つぎ)の計算をしましょう。

①

| | 2 | 5 | 1 |
|---|---|---|---|
| ＋ | 3 | 8 | 4 |
| | ¹ | 3 | 5 |

くり上がりが十の位にあります。同じ位をしっかり計算しましょう。

②

| | 1 | 8 | 7 |
|---|---|---|---|
| ＋ | 2 | 7 | 1 |
| | | | |

③

| | 3 | 8 | 6 |
|---|---|---|---|
| ＋ | 5 | 7 | 2 |
| | | | |

④

| | 4 | 2 | 9 |
|---|---|---|---|
| ＋ | 3 | 9 | 0 |
| | | | |

⑤

| | 2 | 6 | 0 |
|---|---|---|---|
| ＋ | 4 | 8 | 3 |
| | | | |

⑥

| | 3 | 1 | 2 |
|---|---|---|---|
| ＋ | 1 | 9 | 4 |
| | | | |

⑦

| | 5 | 4 | 3 |
|---|---|---|---|
| ＋ | 1 | 8 | 0 |
| | | | |

月　日

# たし算 (4)

名前

次の計算をしましょう。

①

|   | 2 | 7 | 8 |
|---|---|---|---|
| + | 1 | 8 | 6 |
|   | 1 4 | 6 1 | 4 |

くり上がりが、一の位にも十の位にもあります。

②

|   | 3 | 8 | 7 |
|---|---|---|---|
| + | 2 | 2 | 9 |
|   |   |   |   |

③

|   | 5 | 4 | 6 |
|---|---|---|---|
| + | 3 | 7 | 5 |
|   |   |   |   |

④

|   | 3 | 9 | 8 |
|---|---|---|---|
| + | 2 | 6 | 7 |
|   |   |   |   |

⑤

|   | 2 | 7 | 7 |
|---|---|---|---|
| + | 4 | 4 | 6 |
|   |   |   |   |

⑥

|   | 2 | 6 | 9 |
|---|---|---|---|
| + | 3 | 7 | 5 |
|   |   |   |   |

⑦

|   | 1 | 8 | 9 |
|---|---|---|---|
| + | 6 | 9 | 9 |
|   |   |   |   |

# たし算 (5)

月　　日

名前

次(つぎ)の計算をしましょう。

①

| | | | |
|---|---|---|---|
| | 2 | 9 | 3 |
| + | 4 | 0 | 8 |
| | | 0 | 1 |

②

| | | | |
|---|---|---|---|
| | 3 | 9 | 5 |
| + | 2 | 0 | 6 |
| | | | |

③

| | | | |
|---|---|---|---|
| | 5 | 0 | 6 |
| + | 3 | 9 | 5 |
| | | | |

④

| | | | |
|---|---|---|---|
| | 3 | 0 | 5 |
| + | 4 | 9 | 8 |
| | | | |

⑤

| | | | |
|---|---|---|---|
| | 3 | 7 | 8 |
| + | 3 | 2 | 4 |
| | | | |

⑥

| | | | |
|---|---|---|---|
| | 4 | 3 | 5 |
| + | 1 | 6 | 9 |
| | | | |

⑦

| | | | |
|---|---|---|---|
| | 4 | 4 | 8 |
| + | 2 | 5 | 7 |
| | | | |

⑧

| | | | |
|---|---|---|---|
| | 2 | 8 | 6 |
| + | 3 | 1 | 4 |
| | | | |

月　日

# たし算 (6)

名前

次の計算をしましょう。

①

| | 6 | 8 | 7 |
|---|---|---|---|
| ＋ | | 1 | 3 |
| | 1 0 | 0 | 0 |

②

| | 5 | 0 | 9 |
|---|---|---|---|
| ＋ | | 9 | 1 |
| | | | |

③

| | 3 | 6 | 5 |
|---|---|---|---|
| ＋ | | 3 | 9 |
| | | | |

④

| | 4 | 5 | 4 |
|---|---|---|---|
| ＋ | | 4 | 8 |
| | | | |

⑤

| | 7 | 9 | 6 |
|---|---|---|---|
| ＋ | | | 6 |
| | | | |

⑥

| | 2 | 9 | 2 |
|---|---|---|---|
| ＋ | | | 9 |
| | | | |

⑦

| | 1 | 9 | 4 |
|---|---|---|---|
| ＋ | | | 8 |
| | | | |

⑧

| | 8 | 9 | 5 |
|---|---|---|---|
| ＋ | | | 7 |
| | | | |

月　日

# たし算 (7)

名前

次(つぎ)の計算をしましょう。

①
|   | 6 | 2 | 6 | 5 |
|---|---|---|---|---|
| ＋ | 2 | 7 | 1 | 3 |
|   |   |   |   |   |

②
|   | 3 | 3 | 0 | 4 |
|---|---|---|---|---|
| ＋ | 4 | 3 | 4 | 1 |
|   |   |   |   |   |

③
|   | 3 | 1 | 5 | 2 |
|---|---|---|---|---|
| ＋ | 6 | 7 | 4 | 7 |
|   |   |   |   |   |

④
|   | 4 | 2 | 0 | 5 |
|---|---|---|---|---|
| ＋ | 5 | 0 | 6 | 0 |
|   |   |   |   |   |

⑤
|   | 5 | 4 | 7 | 7 |
|---|---|---|---|---|
| ＋ | 1 | 2 | 0 | 7 |
|   |   |   |   |   |

⑥
|   | 6 | 2 | 3 | 7 |
|---|---|---|---|---|
| ＋ | 3 | 0 | 2 | 6 |
|   |   |   |   |   |

⑦
|   | 5 | 5 | 3 | 0 |
|---|---|---|---|---|
| ＋ | 2 | 0 | 9 | 5 |
|   |   |   |   |   |

⑧
|   | 2 | 6 | 7 | 1 |
|---|---|---|---|---|
| ＋ | 4 | 0 | 5 | 7 |
|   |   |   |   |   |

月　　日

# たし算 (8)

名前

次の計算をしましょう。

①

| | 1 | 4 | 6 | 4 |
|---|---|---|---|---|
| ＋ | 2 | 1 | 6 | 7 |
| | | | | |

②

| | 3 | 2 | 9 | 4 |
|---|---|---|---|---|
| ＋ | 2 | 4 | 1 | 6 |
| | | | | |

③

| | 4 | 2 | 4 | 2 |
|---|---|---|---|---|
| ＋ | 3 | 7 | 8 | 4 |
| | | | | |

④

| | 7 | 6 | 3 | 2 |
|---|---|---|---|---|
| ＋ | 1 | 8 | 8 | 5 |
| | | | | |

⑤

| | 2 | 5 | 1 | 8 |
|---|---|---|---|---|
| ＋ | 2 | 4 | 9 | 1 |
| | | | | |

⑥

| | 7 | 7 | 6 | 3 |
|---|---|---|---|---|
| ＋ | 4 | 9 | 0 | 7 |
| | | | | |

⑦

| | 6 | 4 | 1 | 9 |
|---|---|---|---|---|
| ＋ | 4 | 5 | 8 | 5 |
| | | | | |

⑧

| | 6 | 1 | 5 | 1 |
|---|---|---|---|---|
| ＋ | 7 | 8 | 4 | 9 |
| | | | | |

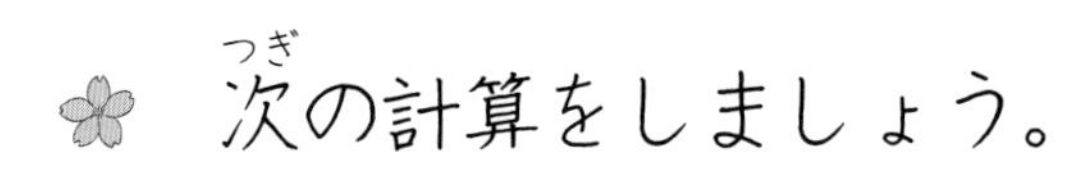

# たし算 まとめ

月　日

名前

✿ 次(つぎ)の計算をしましょう。　（①～④ 1つ 10 点、⑤～⑧ 1つ 15 点）

① $\begin{array}{r} 325 \\ +\ 516 \\ \hline \end{array}$

② $\begin{array}{r} 716 \\ +\ 279 \\ \hline \end{array}$

③ $\begin{array}{r} 553 \\ +\ 247 \\ \hline \end{array}$

④ $\begin{array}{r} 716 \\ +\ 187 \\ \hline \end{array}$

⑤ $\begin{array}{r} 622 \\ +\ 179 \\ \hline \end{array}$

⑥ $\begin{array}{r} 457 \\ +\ \ 84 \\ \hline \end{array}$

⑦ $\begin{array}{r} 1483 \\ +\ 5513 \\ \hline \end{array}$

⑧ $\begin{array}{r} 3554 \\ +\ 2346 \\ \hline \end{array}$

点

# ひき算 (1)

月　日

名前

✿ 次の計算をしましょう。

①

|   | 7 | 5 | 6 |
|---|---|---|---|
| − | 3 | 1 | 4 |
|   | 4 | 4 | 2 |

ひき算も、たし算と同じで一の位(くらい)から、十の位、百の位へと、じゅんに計算します。

②

|   | 4 | 7 | 3 |
|---|---|---|---|
| − | 1 | 2 | 0 |
|   |   |   |   |

③

|   | 9 | 2 | 8 |
|---|---|---|---|
| − | 3 | 0 | 3 |
|   |   |   |   |

④

|   | 5 | 9 | 4 |
|---|---|---|---|
| − | 2 | 4 | 0 |
|   |   |   |   |

⑤

|   | 8 | 7 | 6 |
|---|---|---|---|
| − | 2 | 3 | 4 |
|   |   |   |   |

⑥

|   | 6 | 7 | 4 |
|---|---|---|---|
| − | 2 | 6 | 3 |
|   |   |   |   |

⑦

|   | 8 | 7 | 2 |
|---|---|---|---|
| − | 5 | 5 | 1 |
|   |   |   |   |

月　日

# ひき算 (2)

名前

次(つぎ)の計算をしましょう。

①

| | 5 | 9（8） | 3 |
|---|---|---|---|
| − | 2 | 6 | 4 |
| | 3 | 2 | 9 |

ひき算は、かならず上の数から下の数をひきます。ひけないときは、上の位(くらい)をくずします。

9（8）のように、くり下がりをしたことをかいておくとよいでしょう。

②

| | 9 | 5 | 8 |
|---|---|---|---|
| − | 6 | 0 | 9 |
| | | | |

③

| | 9 | 3 | 0 |
|---|---|---|---|
| − | 3 | 1 | 7 |
| | | | |

④

| | 5 | 8 | 2 |
|---|---|---|---|
| − | 3 | 4 | 8 |
| | | | |

⑤

| | 4 | 9 | 7 |
|---|---|---|---|
| − | 1 | 7 | 9 |
| | | | |

⑥

| | 8 | 7 | 3 |
|---|---|---|---|
| − | 3 | 2 | 7 |
| | | | |

⑦

| | 6 | 8 | 4 |
|---|---|---|---|
| − | 2 | 3 | 5 |
| | | | |

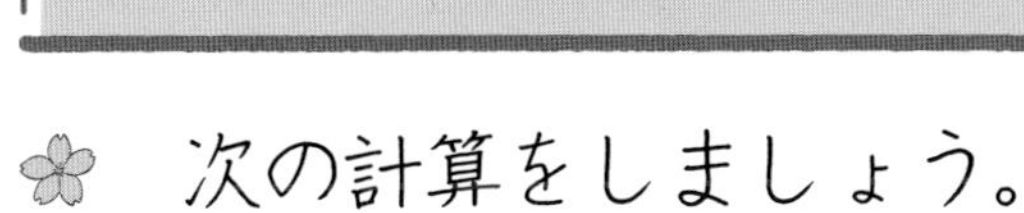


月　日

名前

次の計算をしましょう。

①

| | 3 | | |
|---|---|---|---|
| | ~~4~~ | 1 | 9 |
| − | 1 | 3 | 7 |
| | 2 | 8 | 2 |

百の位(くらい)から１くり下げます。~~4~~(3) のように、くり下がりをしたことをかいておくとよいでしょう。

②

| | | | |
|---|---|---|---|
| | 5 | 1 | 2 |
| − | 2 | 5 | 1 |
| | | | |

③

| | | | |
|---|---|---|---|
| | 9 | 4 | 7 |
| − | 6 | 5 | 3 |
| | | | |

④

| | | | |
|---|---|---|---|
| | 5 | 6 | 7 |
| − | 1 | 9 | 7 |
| | | | |

⑤

| | | | |
|---|---|---|---|
| | 7 | 0 | 5 |
| − | 4 | 2 | 3 |
| | | | |

⑥

| | | | |
|---|---|---|---|
| | 3 | 0 | 8 |
| − | 1 | 7 | 3 |
| | | | |

⑦

| | | | |
|---|---|---|---|
| | 6 | 2 | 8 |
| − | 2 | 6 | 0 |
| | | | |

月　日

# ひき算 (4)

名前

次の計算をしましょう。

①

|   | 8 | 15 |   |
|---|---|---|---|
|   | 9 | 6 | 3 |
| − | 5 | 9 | 8 |
|   | 3 | 6 | 5 |

くり下がりは、1つの位(くらい)だけとは、かぎりません。

②

|   | 5 | 4 | 6 |
|---|---|---|---|
| − | 2 | 7 | 9 |
|   |   |   |   |

③

|   | 5 | 2 | 1 |
|---|---|---|---|
| − | 2 | 7 | 2 |
|   |   |   |   |

④

|   | 8 | 3 | 2 |
|---|---|---|---|
| − | 5 | 6 | 4 |
|   |   |   |   |

⑤

|   | 7 | 3 | 6 |
|---|---|---|---|
| − | 5 | 4 | 7 |
|   |   |   |   |

⑥

|   | 6 | 2 | 0 |
|---|---|---|---|
| − | 3 | 8 | 3 |
|   |   |   |   |

⑦

|   | 5 | 1 | 4 |
|---|---|---|---|
| − | 2 | 8 | 5 |
|   |   |   |   |

# ひき算 (5)

月　　日

名前

✿ 次の計算をしましょう。

①

|   | 6 | 4 |   |
|---|---|---|---|
|   | 7 | 5 | 0 |
| − | 4 | 5 | 2 |
|   | 2 | 9 | 8 |

②

|   |   |   |   |
|---|---|---|---|
|   | 5 | 9 | 0 |
| − | 2 | 9 | 8 |
|   |   |   |   |

③

|   |   |   |   |
|---|---|---|---|
|   | 5 | 3 | 0 |
| − | 3 | 3 | 7 |
|   |   |   |   |

④

|   |   |   |   |
|---|---|---|---|
|   | 8 | 1 | 0 |
| − | 5 | 1 | 6 |
|   |   |   |   |

⑤

|   |   |   |   |
|---|---|---|---|
|   | 4 | 7 | 1 |
| − | 2 | 7 | 9 |
|   |   |   |   |

⑥

|   |   |   |   |
|---|---|---|---|
|   | 7 | 8 | 5 |
| − | 4 | 8 | 8 |
|   |   |   |   |

⑦

|   |   |   |   |
|---|---|---|---|
|   | 5 | 6 | 0 |
| − | 3 | 6 | 1 |
|   |   |   |   |

⑧

|   |   |   |   |
|---|---|---|---|
|   | 4 | 2 | 6 |
| − | 2 | 2 | 9 |
|   |   |   |   |

月　日

# ひき算 (6)

名前

次の計算をしましょう。

①
| | 6 | 9 | |
|---|---|---|---|
| | 7 | 0 | 5 |
| − | | | 6 |
| | | | 9 |

②
| | | | |
|---|---|---|---|
| | 4 | 0 | 1 |
| − | | | 9 |
| | | | |

③
| | | | |
|---|---|---|---|
| | 6 | 0 | 0 |
| − | | | 4 |
| | | | |

④
| | | | |
|---|---|---|---|
| | 5 | 0 | 0 |
| − | | 7 | 3 |
| | | | |

⑤
| | | | |
|---|---|---|---|
| | 9 | 0 | 0 |
| − | | 1 | 2 |
| | | | |

⑥
| | | | |
|---|---|---|---|
| | 8 | 0 | 2 |
| − | | 3 | 5 |
| | | | |

⑦
| | | | |
|---|---|---|---|
| | 1 | 0 | 5 |
| − | | 2 | 8 |
| | | | |

⑧
| | | | |
|---|---|---|---|
| | 1 | 0 | 0 |
| − | | 6 | 1 |
| | | | |

# ひき算 (7)

月　日

名前

次の計算をしましょう。

①
|   | 7 | 4 | 2 | 8 |
|---|---|---|---|---|
| − | 1 | 2 | 1 | 3 |
|   |   |   |   |   |

②
|   | 7 | 3 | 2 | 2 |
|---|---|---|---|---|
| − | 5 | 1 | 1 | 2 |
|   |   |   |   |   |

③
|   | 2 | 4 | 8 | 5 |
|---|---|---|---|---|
| − | 1 | 0 | 3 | 4 |
|   |   |   |   |   |

④
|   | 6 | 7 | 9 | 3 |
|---|---|---|---|---|
| − | 5 | 4 | 5 | 2 |
|   |   |   |   |   |

⑤
|   | 5 | 3 | 6 | 0 |
|---|---|---|---|---|
| − | 1 | 0 | 1 | 4 |
|   |   |   |   |   |

⑥
|   | 7 | 7 | 7 | 7 |
|---|---|---|---|---|
| − | 5 | 2 | 3 | 8 |
|   |   |   |   |   |

⑦
|   | 7 | 5 | 6 | 8 |
|---|---|---|---|---|
| − | 6 | 4 | 9 | 3 |
|   |   |   |   |   |

⑧
|   | 8 | 3 | 7 | 1 |
|---|---|---|---|---|
| − | 5 | 1 | 9 | 1 |
|   |   |   |   |   |

# ひき算 (8)

月　日

名前

次の計算をしましょう。

①

|   | 6 | 4 | 4 | 8 |
|---|---|---|---|---|
| − | 2 | 3 | 6 | 9 |
|   |   |   |   |   |

②

|   | 8 | 6 | 4 | 1 |
|---|---|---|---|---|
| − | 1 | 8 | 7 | 1 |
|   |   |   |   |   |

③

|   | 8 | 3 | 7 | 8 |
|---|---|---|---|---|
| − | 6 | 9 | 0 | 9 |
|   |   |   |   |   |

④

|   | 9 | 2 | 6 | 7 |
|---|---|---|---|---|
| − | 4 | 5 | 0 | 8 |
|   |   |   |   |   |

⑤

|   | 6 | 4 | 7 | 7 |
|---|---|---|---|---|
| − | 1 | 7 | 7 | 8 |
|   |   |   |   |   |

⑥

|   | 8 | 2 | 4 | 5 |
|---|---|---|---|---|
| − | 3 | 8 | 7 | 9 |
|   |   |   |   |   |

⑦

|   | 7 | 6 | 0 | 2 |
|---|---|---|---|---|
| − | 6 | 9 | 3 | 6 |
|   |   |   |   |   |

⑧

|   | 3 | 4 | 7 | 0 |
|---|---|---|---|---|
| − | 2 | 5 | 7 | 4 |
|   |   |   |   |   |

月　日

# ひき算 まとめ

名前

次の計算をしましょう。　(①～④ 1つ10点、⑤～⑧ 1つ15点)

①

| | 7 | 2 | 1 |
|---|---|---|---|
| − | 1 | 1 | 4 |
| | | | |

②

| | 8 | 8 | 5 |
|---|---|---|---|
| − | 5 | 2 | 6 |
| | | | |

③

| | 5 | 5 | 1 |
|---|---|---|---|
| − | 1 | 8 | 3 |
| | | | |

④

| | 6 | 6 | 2 |
|---|---|---|---|
| − | 4 | 9 | 9 |
| | | | |

⑤

| | 6 | 0 | 3 |
|---|---|---|---|
| − | | | 8 |
| | | | |

⑥

| | 8 | 0 | 0 |
|---|---|---|---|
| − | | 2 | 3 |
| | | | |

⑦

| | 5 | 4 | 2 | 9 |
|---|---|---|---|---|
| − | 2 | 3 | 2 | 2 |
| | | | | |

⑧

| | 8 | 3 | 1 | 3 |
|---|---|---|---|---|
| − | 4 | 2 | 5 | 5 |
| | | | | |

点

月　日

# 大きい数 (1)

名前

1万を10こ集めた数を **十万** といいます。

10万を10こ集めた数を **百万** といいます。

100万を10こ集めた数を **千万** といいます。

1万より大きいくらいも、一、十、百、千となっています。

**1** 次の数を表にかきましょう。

（人口、2020年調べ）

東京都の人口　14064696人

神奈川県の人口　9240411人

大阪府の人口　8842523人

| 千 | 百 | 十 | 一<br>万 | 千 | 百 | 十 | 一 |
|---|---|---|---|---|---|---|---|
| | | | | | | | |
| | | | | | | | |
| | | | | | | | |

**2** 次の数を表にかき、読み方を漢字でかきましょう。

（0～14さいの数　2018年調べ）

① 男子　789万人

② 女子　752万人

③ 合計　1541万人

| 千 | 百 | 十 | 一<br>万 | 千 | 百 | 十 | 一 |
|---|---|---|---|---|---|---|---|
| | | | | | | | |
| | | | | | | | |
| | | | | | | | |

〈読み方〉

①

②

③

月　　日

# 大きい数 (2)

名前

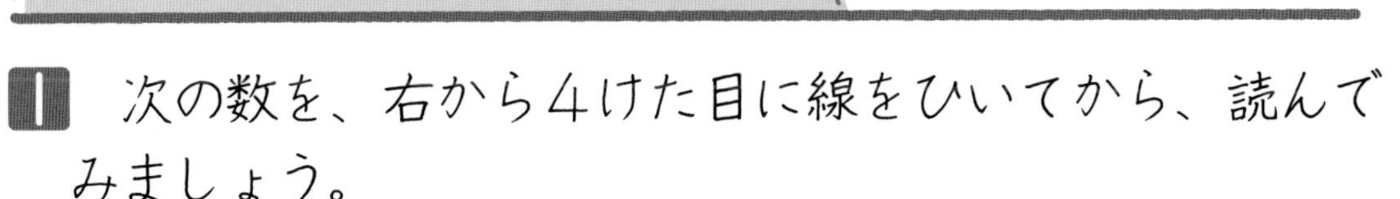

**1** 次の数を、右から4けた目に線をひいてから、読んでみましょう。

① 8347|9165　　② 47309536

（万）

**2** 次の数を読み、漢字でかきましょう。

| | |
|---|---|
| ① 796¦2431 | 七百九十六万二千四百三十一 |
| ② 47900365 | |

**3** 次の数を（　）にかきましょう。

① 1000万を3こ、100万を5こ、10万を8こ、1万を9こ合わせた数。

| 千万 | 百万 | 十万 | 一万 | 千 | 百 | 十 | 一 |
|---|---|---|---|---|---|---|---|
| 3 | 5 | 8 | 9 | | | | |

（　　　　　万）

② 1000万を8こ、100万を4こ、1万を3こ合わせた数。

（　　　　　万）

**4** 次の（　）に数を入れましょう。

① 820000は、1万を（　　　）こ集めた数。

| | | | | | |
|---|---|---|---|---|---|
| 8 | 2 | 0 | 0 | 0 | 0 |
| | 1 | 0 | 0 | 0 | 0 |

② 250000は、1000を（　　　）こ集めた数。

# 大きい数 (3)

月　日

名前

**1** 下の数直線の、①、②、③、④のめもりが表(あらわ)す数字をかきましょう。

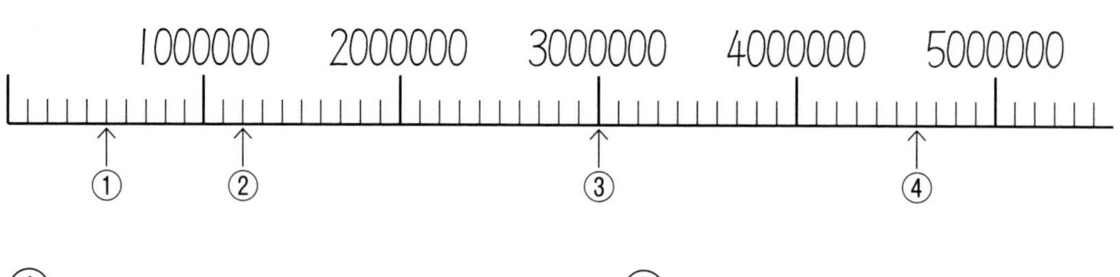


① ________　② ________

③ ________　④ ________

**2** 上の数直線に、⑤ 2100000 と⑥ 3900000 を↑でかきましょう。

**3** 上の数直線で、一番小さいめもりはいくつですか。

(　　　　　　)

**4** □にあてはまる数をかきましょう。

① 210000　220000　□　240000　250000

② 810000　820000　830000　□　850000

**5** 999999 より 1 大きい数をかきましょう。

(　　　　　　)

# 大きい数 (4)

名前

**1** 日本の人口は、126226568人です。次のわくに数をかきましょう。（2020年調べ）

| 一億 | 千万 | 百万 | 十万 | 一万 | 千 | 百 | 十 | 一 |
|---|---|---|---|---|---|---|---|---|
| | | | | | | | | |

千万を10こ集めた数は、**1億**です。
数字で100000000とかきます。
（※0が8こつきます。）

10倍

| 一億のくらい | 千万のくらい | 百万のくらい | 十万のくらい | 一万のくらい | 千のくらい | 百のくらい | 十のくらい | 一のくらい |
|---|---|---|---|---|---|---|---|---|

**2** 次の数を数字でかきましょう。

① 千万を10倍した数。

（　　　　　　）

② 100000000から1ひいた数。

（　　　　　　）

# かけ算（× 1 けた）(1)

月　日

次（つぎ）の計算をしましょう。

①
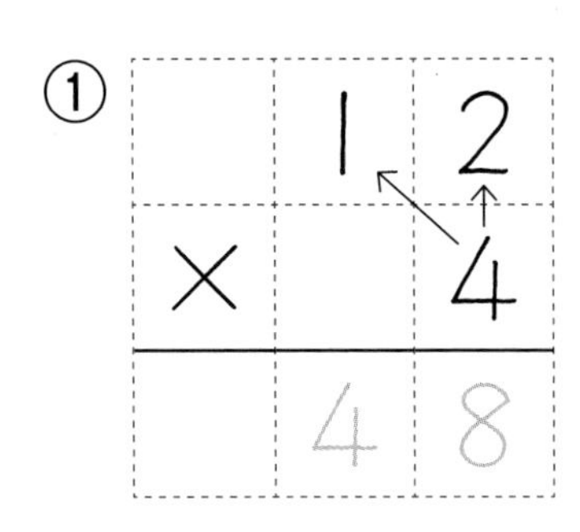

| | 1 | 2 |
|---|---|---|
| × | | 4 |
| | 4 | 8 |

㋐　かけ算の筆算は、右はしがそろうように数をかきます。

㋑　12×4 ですが、12 のだんをいうのではありません。

㋒　まず 4×2＝8 をし、次に 4×1＝4 をします。

②
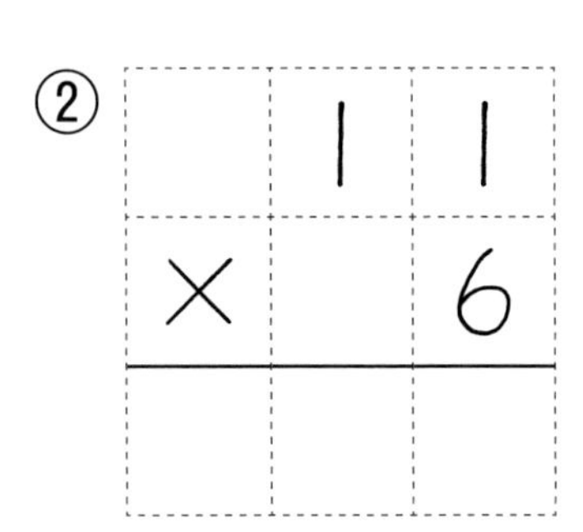

| | 1 | 1 |
|---|---|---|
| × | | 6 |
| | | |

③
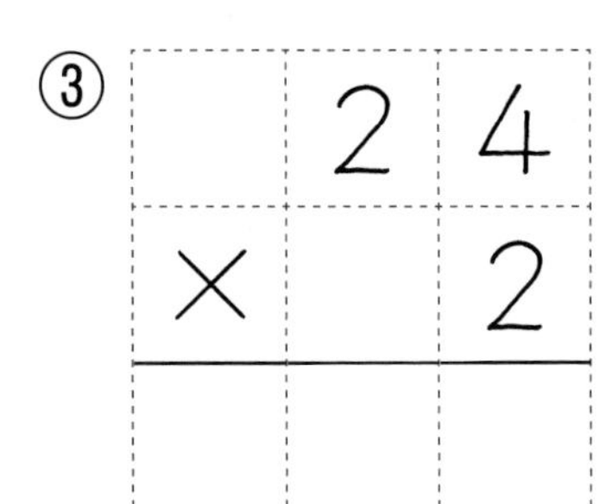

| | 2 | 4 |
|---|---|---|
| × | | 2 |
| | | |

④

| | 2 | 1 |
|---|---|---|
| × | | 4 |
| | | |

⑤

| | 3 | 1 |
|---|---|---|
| × | | 2 |
| | | |

⑥

| | 3 | 2 |
|---|---|---|
| × | | 2 |
| | | |

⑦

| | 4 | 3 |
|---|---|---|
| × | | 2 |
| | | |

⑧

| | 1 | 1 |
|---|---|---|
| × | | 5 |
| | | |

⑨

| | 2 | 3 |
|---|---|---|
| × | | 3 |
| | | |

⑩

| | 1 | 2 |
|---|---|---|
| × | | 3 |
| | | |

# かけ算（×１けた）⑵

名前　　　　　月　　日

次の計算をしましょう。

①

| | 2 | 6 |
|---|---|---|
| × | | 3 |
| | 7¹ | 8 |

㋐ まず　3×6＝18
十の位（くらい）に１を小さくかきます。

㋑ 次に　3×2＝6
十の位の小さい１と6をたします。
1＋6＝7

②

| | 2 | 3 |
|---|---|---|
| × | | 4 |
| | | |

③

| | 1 | 9 |
|---|---|---|
| × | | 3 |
| | | |

④

| | 4 | 9 |
|---|---|---|
| × | | 2 |
| | | |

⑤

| | 4 | 7 |
|---|---|---|
| × | | 2 |
| | | |

⑥

| | 2 | 7 |
|---|---|---|
| × | | 3 |
| | | |

⑦

| | 3 | 8 |
|---|---|---|
| × | | 2 |
| | | |

⑧

| | 1 | 5 |
|---|---|---|
| × | | 3 |
| | | |

⑨

| | 2 | 8 |
|---|---|---|
| × | | 3 |
| | | |

⑩

| | 1 | 4 |
|---|---|---|
| × | | 7 |
| | | |

月　　日

# かけ算（×１けた）⑶

✿ 次の計算をしましょう。

①

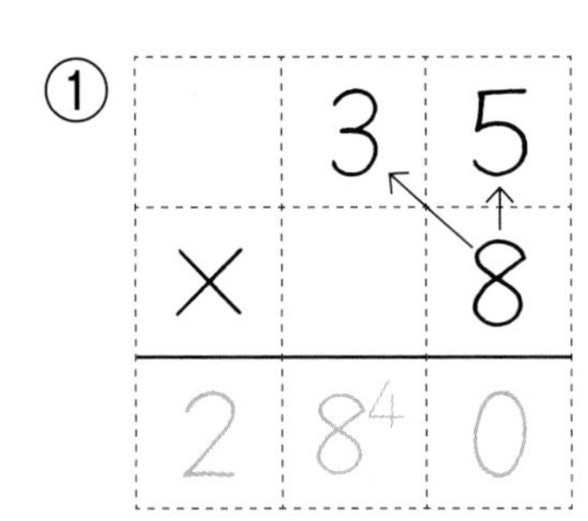

㋐ まず　8×5＝40
十の位に4を小さくかきます。

㋑ 次に　8×3＝24
十の位の小さい4と4をたします。
4＋4＝8

㋒ 百の位は　2

②

| | 8 | 8 |
|---|---|---|
| × | | 9 |
| | | |

③

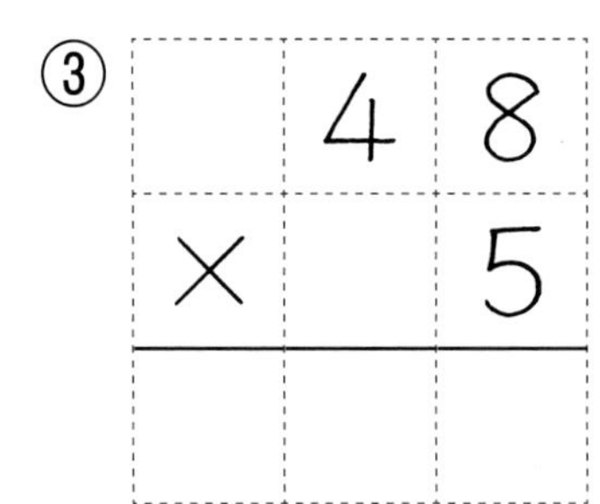

| | 4 | 8 |
|---|---|---|
| × | | 5 |
| | | |

④

| | 2 | 2 |
|---|---|---|
| × | | 9 |
| | | |

⑤

| | 6 | 8 |
|---|---|---|
| × | | 5 |
| | | |

⑥

| | 7 | 9 |
|---|---|---|
| × | | 3 |
| | | |

⑦

| | 3 | 5 |
|---|---|---|
| × | | 4 |
| | | |

⑧

| | 6 | 3 |
|---|---|---|
| × | | 6 |
| | | |

⑨

| | 8 | 4 |
|---|---|---|
| × | | 5 |
| | | |

⑩

| | 4 | 9 |
|---|---|---|
| × | | 8 |
| | | |

# かけ算（×１けた）(4)

名前

次の計算をしましょう。

①

| | 2 | 3 | 4 |
|---|---|---|---|
| × | | | 2 |
| | 4 | 6 | 8 |

㋐ 一の位のかけ算
2×4＝8

㋑ 次に十の位とのかけ算
2×3＝6

㋒ 次は百の位とのかけ算
2×2＝4

②

| | 4 | 1 | 3 |
|---|---|---|---|
| × | | | 2 |
| | | | |

③

| | 1 | 2 | 2 |
|---|---|---|---|
| × | | | 4 |
| | | | |

④

| | 3 | 2 | 2 |
|---|---|---|---|
| × | | | 3 |
| | | | |

⑤

| | 1 | 1 | 3 |
|---|---|---|---|
| × | | | 3 |
| | | | |

⑥

| | 2 | 3 | 2 |
|---|---|---|---|
| × | | | 2 |
| | | | |

⑦

| | 4 | 2 | 3 |
|---|---|---|---|
| × | | | 2 |
| | | | |

# かけ算（×１けた）(5)

月　日

名前

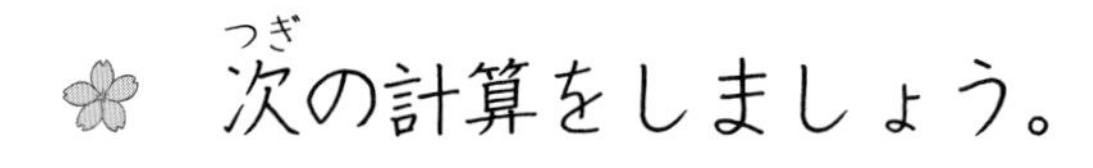
次(つぎ)の計算をしましょう。

①

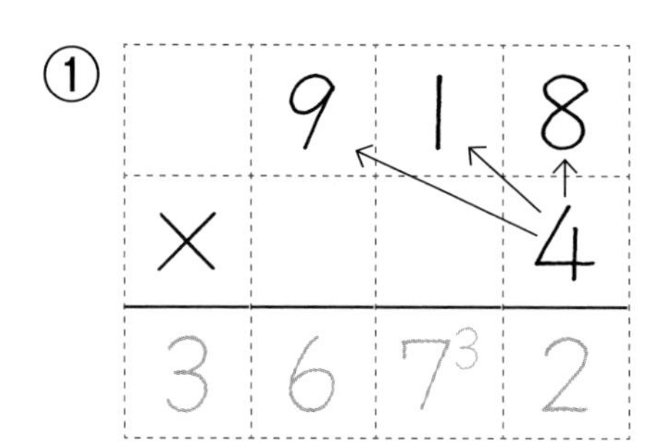

| | | | |
|---|---|---|---|
| | 9 | 1 | 8 |
| × | | | 4 |
| 3 | 6 | 7[3] | 2 |

㋐ 4×8＝32
3は十の位(くらい)に小さくかきます。

㋑ 4×1＝4
小さくかいた3と4をたします。
3＋4＝7

㋒ 4×9＝36　3は千の位にかきます。

②

| | | | |
|---|---|---|---|
| | 8 | 2 | 5 |
| × | | | 3 |
| | | | |

③

| | | | |
|---|---|---|---|
| | 7 | 2 | 3 |
| × | | | 4 |
| | | | |

④

| | | | |
|---|---|---|---|
| | 9 | 1 | 7 |
| × | | | 3 |
| | | | |

⑤

| | | | |
|---|---|---|---|
| | 8 | 4 | 5 |
| × | | | 2 |
| | | | |

⑥

| | | | |
|---|---|---|---|
| | 6 | 1 | 2 |
| × | | | 8 |
| | | | |

⑦

| | | | |
|---|---|---|---|
| | 4 | 1 | 8 |
| × | | | 5 |
| | | | |

月　日

# かけ算（×１けた）(6)

名前

次の計算をしましょう。

①

| | 6 | 7 | 9 |
|---|---|---|---|
| × | | | 4 |
| 2 | 7[3] | 1[3] | 6 |

㋐ 4×9＝36
3は十の位に小さくかきます。

㋑ 4×7＝28　3＋28＝31
3は百の位に小さくかきます。

㋒ 4×6＝24　3＋24＝27

②

| | 3 | 9 | 3 |
|---|---|---|---|
| × | | | 6 |
| | | | |

③

| | 9 | 8 | 4 |
|---|---|---|---|
| × | | | 6 |
| | | | |

④

| | 6 | 4 | 8 |
|---|---|---|---|
| × | | | 7 |
| | | | |

⑤

| | 7 | 6 | 4 |
|---|---|---|---|
| × | | | 8 |
| | | | |

⑥

| | 9 | 8 | 7 |
|---|---|---|---|
| × | | | 7 |
| | | | |

⑦

| | 3 | 7 | 6 |
|---|---|---|---|
| × | | | 4 |
| | | | |

# かけ算（×１けた）⑺

✿ 次の計算をしましょう。

①

| | 8 | 4 | 0 |
|---|---|---|---|
| × | | | 9 |
| | | | |

②

| | 5 | 7 | 0 |
|---|---|---|---|
| × | | | 8 |
| | | | |

③

| | 6 | 0 | 4 |
|---|---|---|---|
| × | | | 7 |
| | | | |

④

| | 9 | 0 | 8 |
|---|---|---|---|
| × | | | 3 |
| | | | |

⑤

| | 8 | 0 | 0 |
|---|---|---|---|
| × | | | 6 |
| | | | |

⑥

| | 2 | 0 | 0 |
|---|---|---|---|
| × | | | 9 |
| | | | |

⑦

| | 5 | 5 | 5 |
|---|---|---|---|
| × | | | 4 |
| | | | |

⑧

| | 7 | 5 | 2 |
|---|---|---|---|
| × | | | 6 |
| | | | |

月　日

# かけ算（× 1けた）まとめ

名前

次の計算をしましょう。　（1つ 10 点）

①

| | 3 | 2 |
|---|---|---|
| × | | 3 |
| | | |

②

| | 1 | 8 |
|---|---|---|
| × | | 4 |
| | | |

③

| | 2 | 9 |
|---|---|---|
| × | | 2 |
| | | |

④

| | 5 | 5 |
|---|---|---|
| × | | 6 |
| | | |

⑤

| | 8 | 5 |
|---|---|---|
| × | | 7 |
| | | |

⑥

| | 2 | 3 | 4 |
|---|---|---|---|
| × | | | 2 |
| | | | |

⑦

| | 7 | 3 | 6 |
|---|---|---|---|
| × | | | 2 |
| | | | |

⑧

| | 7 | 1 | 9 |
|---|---|---|---|
| × | | | 5 |
| | | | |

⑨

| | 4 | 3 | 5 |
|---|---|---|---|
| × | | | 6 |
| | | | |

⑩

| | 3 | 6 | 7 |
|---|---|---|---|
| × | | | 8 |
| | | | |

点

# かけ算（×２けた）⑴

名前　　　　　　　　　　月　　日

✿ 次(つぎ)の計算をしましょう。

①

| | 2 | 4 |
|---|---|---|
| × | 1 | 2 |
| | 4 | 8 |
| 2 | 4 | |
| 2 | 8 | 8 |

㋐ 2×4＝8 （3だん目　一の位(くらい)）

㋑ 2×2＝4 （3だん目　十の位）

㋒ 1×4＝4 （4だん目　十の位）

㋓ 1×2＝2 （4だん目　百の位）

㋔ 3だん目と4だん目をたし算します。

②

| | 1 | 2 |
|---|---|---|
| × | 4 | 3 |
| | | |
| | | |
| | | |

③

| | 3 | 3 |
|---|---|---|
| × | 2 | 3 |
| | | |
| | | |
| | | |

④

| | 2 | 1 |
|---|---|---|
| × | 3 | 4 |
| | | |
| | | |
| | | |

⑤

| | 1 | 3 |
|---|---|---|
| × | 3 | 2 |
| | | |
| | | |
| | | |

⑥

| | 3 | 2 |
|---|---|---|
| × | 3 | 1 |
| | | |
| | | |
| | | |

⑦

| | 4 | 2 |
|---|---|---|
| × | 2 | 2 |
| | | |
| | | |
| | | |

# かけ算（× 2けた）(2)

月　日 

名前

次の計算をしましょう。

①

| | 4 | 3 |
|---|---|---|
| × | 2 | 3 |
| 1 | 2 | 9 |
| 8 | 6 | |
| 9 | 8 | 9 |

㋐ 3×3＝9　（3だん目　一の位）

㋑ 3×4＝12　（3だん目　十の位と百の位）

㋒ 2×3＝6　（4だん目　十の位）

㋓ 2×4＝8　（4だん目　百の位）

㋔ 3だん目と4だん目をたし算します。

②

| | 4 | 2 |
|---|---|---|
| × | 1 | 3 |
| | | |
| | | |
| | | |

③

| | 6 | 4 |
|---|---|---|
| × | 1 | 2 |
| | | |
| | | |
| | | |

④

| | 3 | 1 |
|---|---|---|
| × | 2 | 4 |
| | | |
| | | |
| | | |

⑤

| | 5 | 3 |
|---|---|---|
| × | 1 | 2 |
| | | |
| | | |
| | | |

⑥

| | 6 | 2 |
|---|---|---|
| × | 1 | 4 |
| | | |
| | | |
| | | |

⑦

| | 5 | 1 |
|---|---|---|
| × | 1 | 8 |
| | | |
| | | |
| | | |

# かけ算（× 2けた）(3)

名前

次(つぎ)の計算をしましょう。

①

|  | 6 | 5 |
|---|---|---|
| × | 1 | 3 |
| 1 | 9[1] | 5 |
| 6 | 5 |  |
| 8[1] | 4 | 5 |

㋐ $3×5=15$
（1は十の位(くらい)に小さくかきます）

㋑ $3×6=18$　$1+18=19$
（1は百の位）

㋒ $1×5=5$　（5は十の位）

㋓ $1×6=6$　（6は百の位）

㋔ たし算をします。

②

|  | 3 | 4 |
|---|---|---|
| × | 1 | 5 |
|  |  |  |
|  |  |  |
|  |  |  |

③

|  | 4 | 7 |
|---|---|---|
| × | 1 | 6 |
|  |  |  |
|  |  |  |
|  |  |  |

④

|  | 3 | 3 |
|---|---|---|
| × | 2 | 4 |
|  |  |  |
|  |  |  |
|  |  |  |

⑤

|  | 3 | 5 |
|---|---|---|
| × | 2 | 5 |
|  |  |  |
|  |  |  |
|  |  |  |

⑥

|  | 4 | 6 |
|---|---|---|
| × | 1 | 3 |
|  |  |  |
|  |  |  |
|  |  |  |

⑦

|  | 2 | 8 |
|---|---|---|
| × | 2 | 4 |
|  |  |  |
|  |  |  |
|  |  |  |

月　日

# かけ算（× 2けた）(4)

名前

次の計算をしましょう。

①

|  |  | 8 | 2 |
|---|---|---|---|
|  | × | 4 | 7 |
|  | 5 | 7[1] | 4 |
| 3 | 2 | 8 |  |
| 3 | 8[1] | 5 | 4 |

㋐ 7×2＝14（1は十の位に小さく）

㋑ 7×8＝56　1＋56＝57
（5は百の位）

㋒ 4×2＝8

㋓ 4×8＝32　（3は千の位）

㋔ たし算をします。

②

|  |  | 7 | 3 |
|---|---|---|---|
|  | × | 3 | 8 |
|  |  |  |  |
|  |  |  |  |
|  |  |  |  |

③

|  |  | 6 | 4 |
|---|---|---|---|
|  | × | 2 | 7 |
|  |  |  |  |
|  |  |  |  |
|  |  |  |  |

④

|  |  | 4 | 3 |
|---|---|---|---|
|  | × | 3 | 6 |
|  |  |  |  |
|  |  |  |  |
|  |  |  |  |

⑤

|  |  | 6 | 3 |
|---|---|---|---|
|  | × | 2 | 5 |
|  |  |  |  |
|  |  |  |  |
|  |  |  |  |

⑥

|  |  | 7 | 3 |
|---|---|---|---|
|  | × | 4 | 7 |
|  |  |  |  |
|  |  |  |  |
|  |  |  |  |

⑦

|  |  | 8 | 4 |
|---|---|---|---|
|  | × | 3 | 4 |
|  |  |  |  |
|  |  |  |  |
|  |  |  |  |

# かけ算（× 2けた）(5)

名前　　　　　月　　日

✿ 次の計算をしましょう。

①

| | | 4 | 8 |
|---|---|---|---|
| | × | 5 | 4 |
| | 1 | 9³ | 2 |
| 2 | 4⁴ | 0 | |
| 2 | 5 | 9 | 2 |

㋐ 4×8＝32（3は十の位に小さく）

㋑ 4×4＝16　3＋16＝19（1は百の位）

㋒ 5×8＝40（4は百の位に小さく）

㋓ 5×4＝20　4＋20＝24（2は千の位）

㋔ たし算をします。

② 46 × 38

③ 69 × 47

④ 94 × 36

⑤ 76 × 95

⑥ 85 × 79

⑦ 52 × 57

月　日

# かけ算（× 2けた）まとめ

名前

次(つぎ)の計算をしましょう。　（①～⑥ 1つ 10 点、⑦～⑧ 1つ 20 点）

①
$$\begin{array}{r} 23 \\ \times\ 22 \\ \hline \end{array}$$

②
$$\begin{array}{r} 12 \\ \times\ 46 \\ \hline \end{array}$$

③
$$\begin{array}{r} 14 \\ \times\ 33 \\ \hline \end{array}$$

④
$$\begin{array}{r} 73 \\ \times\ 46 \\ \hline \end{array}$$

⑤
$$\begin{array}{r} 16 \\ \times\ 87 \\ \hline \end{array}$$

⑥
$$\begin{array}{r} 68 \\ \times\ 35 \\ \hline \end{array}$$

⑦
$$\begin{array}{r} 34 \\ \times\ 98 \\ \hline \end{array}$$

⑧
$$\begin{array}{r} 75 \\ \times\ 89 \\ \hline \end{array}$$

点

# かけ算（3けた × 2けた）(1)

名前

次(つぎ)の計算をしましょう。

①

|  | 4 | 3 | 2 |
|---|---|---|---|
| × |  | 2 | 1 |
|  | 4 | 3 | 2 |
| 8 | 6 | 4 |  |
| 9 | 0 | 7 | 2 |

㋐ 1×2＝2（一の位(くらい)）

㋑ 1×3＝3（十の位）

㋒ 1×4＝4（百の位）

㋓ 2×2＝4（4だん目　十の位）

㋔ 2×3＝6（4だん目　百の位）

㋕ 2×4＝8（4だん目　千の位）

㋖ たし算をします。

②

|  | 2 | 2 | 0 |
|---|---|---|---|
| × |  | 4 | 3 |
|  |  |  |  |
|  |  |  |  |
|  |  |  |  |

③

|  | 3 | 1 | 2 |
|---|---|---|---|
| × |  | 2 | 3 |
|  |  |  |  |
|  |  |  |  |
|  |  |  |  |

④

|  | 2 | 3 | 3 |
|---|---|---|---|
| × |  | 2 | 1 |
|  |  |  |  |
|  |  |  |  |
|  |  |  |  |

⑤

|  | 1 | 2 | 2 |
|---|---|---|---|
| × |  | 3 | 4 |
|  |  |  |  |
|  |  |  |  |
|  |  |  |  |

⑥

|  | 1 | 1 | 2 |
|---|---|---|---|
| × |  | 4 | 1 |
|  |  |  |  |
|  |  |  |  |
|  |  |  |  |

⑦

|  | 1 | 3 | 3 |
|---|---|---|---|
| × |  | 1 | 2 |
|  |  |  |  |
|  |  |  |  |
|  |  |  |  |

# かけ算（3けた × 2けた）(2)

名前

✿ 次の計算をしましょう。

①

| ① | 2 | 1 | 8 |
|---|---|---|---|
| × | | 3 | 4 |
| | 8 | 7 | 2 |
| 6 | 5 | 4 | |
| 7 | 4 | 1 | 2 |

㋐ 4×8＝32（3は十の位に小さく）

㋑ 4×1＝4　3＋4＝7
（十の位）

㋒ 4×2＝8（百の位）

㋓ 3×8＝24（2は百の位に小さく）

㋔ 3×1＝3　2＋3＝5（百の位）

㋕ 3×2＝6（千の位）

㋖ たし算をします。

| ② | 3 | 8 | 4 |
|---|---|---|---|
| × | | 2 | 2 |
| | | | |
| | | | |
| | | | |

| ③ | 1 | 7 | 2 |
|---|---|---|---|
| × | | 4 | 3 |
| | | | |
| | | | |
| | | | |

| ④ | 2 | 8 | 5 |
|---|---|---|---|
| × | | 3 | 1 |
| | | | |
| | | | |
| | | | |

| ⑤ | 3 | 9 | 8 |
|---|---|---|---|
| × | | 2 | 1 |
| | | | |
| | | | |
| | | | |

| ⑥ | 2 | 5 | 6 |
|---|---|---|---|
| × | | 2 | 3 |
| | | | |
| | | | |
| | | | |

| ⑦ | 2 | 2 | 5 |
|---|---|---|---|
| × | | 3 | 2 |
| | | | |
| | | | |
| | | | |

# かけ算（3けた × 2けた）(3)

名前

次（つぎ）の計算をしましょう。

①

| ① | | 3 | 8 | 8 |
|---|---|---|---|---|
| | × | | 6 | 7 |
| | 2 | 7[6] | 1[5] | 6 |
| 2 | 3[5] | 2[4] | 8 | |
| 2 | 5 | 9 | 9 | 6 |

㋐ 7×8＝56（5は十の位（くらい）に小さく）

㋑ 7×8＝56　5＋56＝61
（6は百の位に小さく）

㋒ 7×3＝21　6＋21＝27

㋓ 6×8＝48（4は百の位に小さく）

㋔ 6×8＝48　4＋48＝52
（5は千の位に小さく）

㋕ 6×3＝18　5＋18＝23

㋖ たし算をします。

| ② | | 5 | 6 | 9 |
|---|---|---|---|---|
| | × | | 2 | 8 |
| | | | | |
| | | | | |
| | | | | |

| ③ | | 7 | 4 | 7 |
|---|---|---|---|---|
| | × | | 3 | 9 |
| | | | | |
| | | | | |
| | | | | |

| ④ | | 4 | 9 | 3 |
|---|---|---|---|---|
| | × | | 8 | 7 |
| | | | | |
| | | | | |
| | | | | |

| ⑤ | | 9 | 3 | 4 |
|---|---|---|---|---|
| | × | | 8 | 9 |
| | | | | |
| | | | | |
| | | | | |

# かけ算（3けた × 2けた）まとめ

月　日

名前

次の計算をしましょう。　（1つ20点）

① 243 × 22

② 191 × 72

③ 282 × 44

④ 237 × 65

⑤ 649 × 83

点

月　日

名前

# あなあき九九 (1)

□にあてはまる数をかきましょう。

① 2 × □ = 12　　② 5 × □ = 10

③ 7 × □ = 42　　④ 6 × □ = 18

⑤ 9 × □ = 72　　⑥ 7 × □ = 14

⑦ 6 × □ = 36　　⑧ 8 × □ = 32

⑨ 3 × □ = 9　　⑩ 6 × □ = 24

⑪ 9 × □ = 9　　⑫ 5 × □ = 15

⑬ 8 × □ = 48　　⑭ 6 × □ = 54

⑮ 5 × □ = 25　　⑯ 7 × □ = 21

⑰ 9 × □ = 54　　⑱ 5 × □ = 20

⑲ 3 × □ = 6　　⑳ 9 × □ = 27

㉑ 7 × □ = 35　　㉒ 9 × □ = 36

㉓ 8 × □ = 64　　㉔ 6 × □ = 12

㉕ 3 × □ = 3　　㉖ 6 × □ = 30

㉗ 8 × □ = 56　　㉘ 4 × □ = 12

㉙ 8 × □ = 40　　㉚ 9 × □ = 81

# あなあき九九 (2)

月　日

名前

□にあてはまる数をかきましょう。

① $2 \times \square = 14$

② $3 \times \square = 24$

③ $4 \times \square = 20$

④ $3 \times \square = 18$

⑤ $5 \times \square = 45$

⑥ $8 \times \square = 24$

⑦ $9 \times \square = 63$

⑧ $4 \times \square = 36$

⑨ $9 \times \square = 45$

⑩ $2 \times \square = 18$

⑪ $5 \times \square = 35$

⑫ $3 \times \square = 21$

⑬ $2 \times \square = 10$

⑭ $6 \times \square = 42$

⑮ $8 \times \square = 72$

⑯ $4 \times \square = 16$

⑰ $7 \times \square = 49$

⑱ $5 \times \square = 30$

⑲ $6 \times \square = 48$

⑳ $3 \times \square = 15$

㉑ $4 \times \square = 32$

㉒ $7 \times \square = 56$

㉓ $3 \times \square = 27$

㉔ $4 \times \square = 28$

㉕ $5 \times \square = 40$

㉖ $7 \times \square = 63$

㉗ $9 \times \square = 18$

㉘ $4 \times \square = 24$

㉙ $8 \times \square = 16$

㉚ $7 \times \square = 28$

# わり算 あまりなし (1)

名前

次(つぎ)のわり算をしましょう。

① $2 \div 2 =$

② $4 \div 2 =$

③ $6 \div 2 =$

④ $8 \div 2 =$

⑤ $10 \div 2 =$

⑥ $12 \div 2 =$

⑦ $14 \div 2 =$

⑧ $16 \div 2 =$

⑨ $18 \div 2 =$

⑩ $3 \div 3 =$

⑪ $6 \div 3 =$

⑫ $9 \div 3 =$

⑬ $12 \div 3 =$

⑭ $15 \div 3 =$

⑮ $18 \div 3 =$

⑯ $21 \div 3 =$

⑰ $24 \div 3 =$

⑱ $27 \div 3 =$

⑲ $4 \div 4 =$

⑳ $8 \div 4 =$

# わり算 あまりなし (2)

名前

次のわり算をしましょう。

① 12÷4＝

② 16÷4＝

③ 20÷4＝

④ 24÷4＝

⑤ 28÷4＝

⑥ 32÷4＝

⑦ 36÷4＝

⑧ 5÷5＝

⑨ 10÷5＝

⑩ 15÷5＝

⑪ 20÷5＝

⑫ 25÷5＝

⑬ 30÷5＝

⑭ 35÷5＝

⑮ 40÷5＝

⑯ 45÷5＝

⑰ 6÷6＝

⑱ 12÷6＝

⑲ 18÷6＝

⑳ 24÷6＝

# わり算 あまりなし (3)

名前

次（つぎ）のわり算をしましょう。

① 30÷6＝

② 36÷6＝

③ 42÷6＝

④ 48÷6＝

⑤ 54÷6＝

⑥ 7÷7＝

⑦ 14÷7＝

⑧ 21÷7＝

⑨ 28÷7＝

⑩ 35÷7＝

⑪ 42÷7＝

⑫ 49÷7＝

⑬ 56÷7＝

⑭ 63÷7＝

⑮ 8÷8＝

⑯ 16÷8＝

⑰ 24÷8＝

⑱ 32÷8＝

⑲ 40÷8＝

⑳ 48÷8＝

月　日

# わり算 あまりなし (4)

名前

次のわり算をしましょう。

① $56 \div 8 =$

② $64 \div 8 =$

③ $72 \div 8 =$

④ $9 \div 9 =$

⑤ $18 \div 9 =$

⑥ $27 \div 9 =$

⑦ $36 \div 9 =$

⑧ $45 \div 9 =$

⑨ $54 \div 9 =$

⑩ $63 \div 9 =$

⑪ $72 \div 9 =$

⑫ $81 \div 9 =$

⑬ $10 \div 2 =$

⑭ $9 \div 3 =$

⑮ $8 \div 4 =$

⑯ $40 \div 5 =$

⑰ $24 \div 6 =$

⑱ $42 \div 7 =$

⑲ $72 \div 8 =$

⑳ $45 \div 5 =$

月　日

# わり算 あまりなし まとめ (1)

名前

次(つぎ)の計算をしましょう。　（1つ4点）

① 2÷1＝2　② 5÷1＝5

③ 0÷2＝0　④ 0÷4＝0

⑤ 2÷2＝　⑥ 6÷3＝

⑦ 8÷4＝　⑧ 0÷5＝

⑨ 3÷1＝　⑩ 15÷5＝

⑪ 12÷3＝　⑫ 7÷1＝

⑬ 12÷2＝　⑭ 21÷3＝

⑮ 30÷5＝　⑯ 16÷4＝

⑰ 24÷3＝　⑱ 14÷2＝

⑲ 9÷1＝　⑳ 0÷7＝

㉑ 15÷3＝　㉒ 8÷2＝

㉓ 27÷3＝　㉔ 12÷4＝

㉕ 20÷5＝

点

# わり算 あまりなし まとめ (2)

月　　日

名前

✿ 次の計算をしましょう。　（1つ4点）

① 0÷6＝　② 4÷1＝

③ 24÷4＝　④ 14÷7＝

⑤ 25÷5＝　⑥ 20÷4＝

⑦ 6÷1＝　⑧ 21÷7＝

⑨ 36÷6＝　⑩ 8÷1＝

⑪ 3÷3＝　⑫ 30÷6＝

⑬ 35÷5＝　⑭ 10÷2＝

⑮ 40÷8＝　⑯ 45÷9＝

⑰ 4÷2＝　⑱ 0÷9＝

⑲ 12÷6＝　⑳ 27÷9＝

㉑ 9÷9＝　㉒ 18÷2＝

㉓ 32÷4＝　㉔ 10÷5＝

㉕ 9÷3＝

点

# わり算 あまりなし まとめ (3)

月　日

名前

次(つぎ)の計算をしましょう。　(1つ4点)

① $4 \div 2 =$

② $3 \div 1 =$

③ $21 \div 7 =$

④ $12 \div 3 =$

⑤ $14 \div 2 =$

⑥ $24 \div 4 =$

⑦ $6 \div 1 =$

⑧ $35 \div 5 =$

⑨ $18 \div 6 =$

⑩ $8 \div 2 =$

⑪ $18 \div 3 =$

⑫ $0 \div 6 =$

⑬ $2 \div 1 =$

⑭ $10 \div 5 =$

⑮ $14 \div 7 =$

⑯ $27 \div 9 =$

⑰ $24 \div 8 =$

⑱ $15 \div 3 =$

⑲ $40 \div 8 =$

⑳ $0 \div 7 =$

㉑ $25 \div 5 =$

㉒ $0 \div 9 =$

㉓ $8 \div 4 =$

㉔ $2 \div 2 =$

㉕ $30 \div 6 =$

点

月　日

# わり算 あまりなし まとめ (4)

名前

次の計算をしましょう。（1つ4点）

① 4÷4＝

② 28÷7＝

③ 36÷9＝

④ 30÷5＝

⑤ 0÷1＝

⑥ 6÷3＝

⑦ 8÷8＝

⑧ 6÷2＝

⑨ 15÷5＝

⑩ 20÷4＝

⑪ 36÷6＝

⑫ 32÷4＝

⑬ 10÷2＝

⑭ 24÷6＝

⑮ 9÷3＝

⑯ 16÷8＝

⑰ 4÷1＝

⑱ 42÷7＝

⑲ 40÷5＝

⑳ 16÷4＝

㉑ 45÷5＝

㉒ 49÷7＝

㉓ 0÷8＝

㉔ 5÷1＝

㉕ 54÷9＝

点

# あまりのあるわり算 (1)

月　日

名前

次(つぎ)の計算をしましょう。

① 29÷3＝ 9 あまり 2
27←3×9
はじめは、かいてみましょう。

② 13÷2＝ 6 あまり 1

③ 38÷5＝　あまり

④ 56÷6＝　あまり

⑤ 26÷3＝　あまり

⑥ 45÷6＝　あまり

⑦ 19÷2＝　あまり

⑧ 25÷7＝　あまり

⑨ 19÷3＝　あまり

⑩ 41÷5＝　あまり

⑪ 38÷4＝　あまり

⑫ 29÷7＝　あまり

⑬ 49÷5＝　あまり

⑭ 13÷6＝　あまり

⑮ 27÷4＝　あまり

⑯ 9÷6＝　あまり

⑰ 48÷7＝　あまり

⑱ 13÷3＝　あまり

⑲ 42÷5＝　あまり

⑳ 17÷2＝　あまり

# あまりのあるわり算 (2)

名前　　　　月　　日

✿ 次の計算をしましょう。

① $26 \div 4 =$ 　あまり

② $79 \div 8 =$ 　あまり

③ $67 \div 7 =$ 　あまり

④ $19 \div 8 =$ 　あまり

⑤ $49 \div 9 =$ 　あまり

⑥ $59 \div 8 =$ 　あまり

⑦ $8 \div 3 =$ 　あまり

⑧ $27 \div 7 =$ 　あまり

⑨ $23 \div 3 =$ 　あまり

⑩ $68 \div 8 =$ 　あまり

⑪ $36 \div 5 =$ 　あまり

⑫ $22 \div 3 =$ 　あまり

⑬ $15 \div 2 =$ 　あまり

⑭ $25 \div 4 =$ 　あまり

⑮ $59 \div 7 =$ 　あまり

⑯ $23 \div 4 =$ 　あまり

⑰ $46 \div 6 =$ 　あまり

⑱ $37 \div 5 =$ 　あまり

⑲ $11 \div 2 =$ 　あまり

⑳ $28 \div 3 =$ 　あまり

月　日

# あまりのあるわり算 (3)

名前

次(つぎ)の計算をしましょう。

① 26÷7＝　　あまり

② 58÷8＝　　あまり

③ 26÷5＝　　あまり

④ 21÷4＝　　あまり

⑤ 48÷9＝　　あまり

⑥ 18÷8＝　　あまり

⑦ 57÷7＝　　あまり

⑧ 78÷8＝　　あまり

⑨ 29÷4＝　　あまり

⑩ 48÷5＝　　あまり

⑪ 47÷9＝　　あまり

⑫ 17÷8＝　　あまり

⑬ 11÷5＝　　あまり

⑭ 58÷7＝　　あまり

⑮ 7÷3＝　　あまり

⑯ 28÷8＝　　あまり

⑰ 56÷9＝　　あまり

⑱ 19÷4＝　　あまり

⑲ 69÷7＝　　あまり

⑳ 57÷8＝　　あまり

# あまりのあるわり算 (4)

名前

次の計算をしましょう。

① 14÷5＝　あまり

② 45÷7＝　あまり

③ 9÷5＝　あまり

④ 14÷6＝　あまり

⑤ 33÷4＝　あまり

⑥ 47÷5＝　あまり

⑦ 37÷6＝　あまり

⑧ 46÷8＝　あまり

⑨ 69÷9＝　あまり

⑩ 26÷6＝　あまり

⑪ 37÷4＝　あまり

⑫ 43÷5＝　あまり

⑬ 18÷4＝　あまり

⑭ 7÷2＝　あまり

⑮ 34÷4＝　あまり

⑯ 66÷7＝　あまり

⑰ 5÷3＝　あまり

⑱ 44÷6＝　あまり

⑲ 83÷9＝　あまり

⑳ 5÷2＝　あまり

# あまりのあるわり算 (5)

月　日

名前

次(つぎ)の計算をしましょう。

① 34÷8＝　あまり

② 32÷5＝　あまり

③ 74÷9＝　あまり

④ 27÷6＝　あまり

⑤ 65÷9＝　あまり

⑥ 27÷8＝　あまり

⑦ 38÷9＝　あまり

⑧ 46÷7＝　あまり

⑨ 33÷6＝　あまり

⑩ 65÷8＝　あまり

⑪ 28÷6＝　あまり

⑫ 43÷7＝　あまり

⑬ 17÷6＝　あまり

⑭ 9÷7＝　あまり

⑮ 73÷8＝　あまり

⑯ 44÷7＝　あまり

⑰ 49÷8＝　あまり

⑱ 16÷6＝　あまり

⑲ 39÷7＝　あまり

⑳ 31÷5＝　あまり

# あまりのあるわり算 (6)

月　日

名前

次の計算をしましょう。

① $9 \div 8 =$ 　あまり

② $59 \div 9 =$ 　あまり

③ $9 \div 4 =$ 　あまり

④ $26 \div 8 =$ 　あまり

⑤ $59 \div 6 =$ 　あまり

⑥ $5 \div 4 =$ 　あまり

⑦ $76 \div 8 =$ 　あまり

⑧ $29 \div 6 =$ 　あまり

⑨ $37 \div 7 =$ 　あまり

⑩ $27 \div 5 =$ 　あまり

⑪ $38 \div 8 =$ 　あまり

⑫ $47 \div 6 =$ 　あまり

⑬ $35 \div 8 =$ 　あまり

⑭ $18 \div 7 =$ 　あまり

⑮ $7 \div 4 =$ 　あまり

⑯ $19 \div 9 =$ 　あまり

⑰ $25 \div 8 =$ 　あまり

⑱ $24 \div 5 =$ 　あまり

⑲ $17 \div 7 =$ 　あまり

⑳ $75 \div 8 =$ 　あまり

月　日

# あまりのあるわり算 (7)

名前

✿ 次(つぎ)の計算をしましょう。

① 36÷8＝　あまり

② 29÷9＝　あまり

③ 36÷7＝　あまり

④ 78÷9＝　あまり

⑤ 29÷8＝　あまり

⑥ 37÷9＝　あまり

⑦ 6÷4＝　あまり

⑧ 16÷7＝　あまり

⑨ 37÷8＝　あまり

⑩ 8÷5＝　あまり

⑪ 39÷8＝　あまり

⑫ 67÷9＝　あまり

⑬ 17÷5＝　あまり

⑭ 57÷9＝　あまり

⑮ 44÷8＝　あまり

⑯ 28÷9＝　あまり

⑰ 15÷7＝　あまり

⑱ 35÷6＝　あまり

⑲ 33÷8＝　あまり

⑳ 21÷5＝　あまり

# あまりのあるわり算 (8)

月　日

名前

✿ 次の計算をしましょう。（あまりを出すひき算がくり下がります。）

① 10÷3＝　あまり

② 11÷3＝　あまり

③ 20÷3＝　あまり

④ 10÷4＝　あまり

⑤ 11÷4＝　あまり

⑥ 30÷4＝　あまり

⑦ 31÷4＝　あまり

⑧ 10÷6＝　あまり

⑨ 11÷6＝　あまり

⑩ 20÷6＝　あまり

⑪ 21÷6＝　あまり

⑫ 22÷6＝　あまり

⑬ 23÷6＝　あまり

⑭ 40÷6＝　あまり

⑮ 41÷6＝　あまり

⑯ 50÷6＝　あまり

⑰ 51÷6＝　あまり

⑱ 52÷6＝　あまり

⑲ 53÷6＝　あまり

⑳ 10÷7＝　あまり

月　日

# あまりのあるわり算 (9)

名前

✿ 次(つぎ)の計算をしましょう。（あまりを出すひき算がくり下がります。）

① $11 \div 7 =$ あまり

② $12 \div 7 =$ あまり

③ $13 \div 7 =$ あまり

④ $20 \div 7 =$ あまり

⑤ $30 \div 7 =$ あまり

⑥ $31 \div 7 =$ あまり

⑦ $32 \div 7 =$ あまり

⑧ $33 \div 7 =$ あまり

⑨ $34 \div 7 =$ あまり

⑩ $40 \div 7 =$ あまり

⑪ $41 \div 7 =$ あまり

⑫ $50 \div 7 =$ あまり

⑬ $51 \div 7 =$ あまり

⑭ $52 \div 7 =$ あまり

⑮ $53 \div 7 =$ あまり

⑯ $54 \div 7 =$ あまり

⑰ $55 \div 7 =$ あまり

⑱ $60 \div 7 =$ あまり

⑲ $61 \div 7 =$ あまり

⑳ $62 \div 7 =$ あまり

月　日

# あまりのあるわり算 ⑽

名前

次の計算をしましょう。（あまりを出すひき算がくり下がります。）

① 10÷8＝　あまり

② 11÷8＝　あまり

③ 12÷8＝　あまり

④ 13÷8＝　あまり

⑤ 14÷8＝　あまり

⑥ 15÷8＝　あまり

⑦ 20÷8＝　あまり

⑧ 21÷8＝　あまり

⑨ 22÷8＝　あまり

⑩ 23÷8＝　あまり

⑪ 30÷8＝　あまり

⑫ 31÷8＝　あまり

⑬ 50÷8＝　あまり

⑭ 51÷8＝　あまり

⑮ 52÷8＝　あまり

⑯ 53÷8＝　あまり

⑰ 54÷8＝　あまり

⑱ 55÷8＝　あまり

⑲ 60÷8＝　あまり

⑳ 61÷8＝　あまり

# あまりのあるわり算 ⑾

月　日

名前

次(つぎ)の計算をしましょう。（あまりを出すひき算がくり下がります。）

① 62÷8＝　あまり

② 63÷8＝　あまり

③ 70÷8＝　あまり

④ 71÷8＝　あまり

⑤ 10÷9＝　あまり

⑥ 11÷9＝　あまり

⑦ 12÷9＝　あまり

⑧ 13÷9＝　あまり

⑨ 14÷9＝　あまり

⑩ 15÷9＝　あまり

⑪ 16÷9＝　あまり

⑫ 17÷9＝　あまり

⑬ 20÷9＝　あまり

⑭ 21÷9＝　あまり

⑮ 22÷9＝　あまり

⑯ 23÷9＝　あまり

⑰ 24÷9＝　あまり

⑱ 25÷9＝　あまり

⑲ 26÷9＝　あまり

⑳ 30÷9＝　あまり

# あまりのあるわり算 ⑿

名前

✿ 次の計算をしましょう。（あまりを出すひき算がくり下がります。）

① $31 \div 9 =$ 　あまり　　② $32 \div 9 =$ 　あまり

③ $33 \div 9 =$ 　あまり　　④ $34 \div 9 =$ 　あまり

⑤ $35 \div 9 =$ 　あまり　　⑥ $40 \div 9 =$ 　あまり

⑦ $41 \div 9 =$ 　あまり　　⑧ $42 \div 9 =$ 　あまり

⑨ $43 \div 9 =$ 　あまり　　⑩ $44 \div 9 =$ 　あまり

⑪ $50 \div 9 =$ 　あまり　　⑫ $51 \div 9 =$ 　あまり

⑬ $52 \div 9 =$ 　あまり　　⑭ $53 \div 9 =$ 　あまり

⑮ $60 \div 9 =$ 　あまり　　⑯ $61 \div 9 =$ 　あまり

⑰ $62 \div 9 =$ 　あまり　　⑱ $70 \div 9 =$ 　あまり

⑲ $71 \div 9 =$ 　あまり　　⑳ $80 \div 9 =$ 　あまり

月　日

# あまりのあるわり算 まとめ (1)

名前

✿ 次の計算をしましょう。　(1つ5点)

① $2 \div 2 =$

② $24 \div 3 =$

③ $12 \div 2 =$

④ $0 \div 4 =$

⑤ $2 \div 1 =$

⑥ $54 \div 6 =$

⑦ $64 \div 8 =$

⑧ $54 \div 9 =$

⑨ $0 \div 7 =$

⑩ $25 \div 5 =$

⑪ $14 \div 4 =$　あまり

⑫ $22 \div 5 =$　あまり

⑬ $31 \div 6 =$　あまり

⑭ $11 \div 2 =$　あまり

⑮ $19 \div 9 =$　あまり

⑯ $47 \div 8 =$　あまり

⑰ $27 \div 7 =$　あまり

⑱ $22 \div 4 =$　あまり

⑲ $64 \div 9 =$　あまり

⑳ $27 \div 5 =$　あまり

点

# あまりのあるわり算 まとめ (2)

名前　　　　月　　日

✿ 次の計算をしましょう。（1つ5点）

| | | | |
|---|---|---|---|
| ① $10 \div 3 =$ | あまり | ② $13 \div 7 =$ | あまり |
| ③ $21 \div 6 =$ | あまり | ④ $15 \div 8 =$ | あまり |
| ⑤ $40 \div 9 =$ | あまり | ⑥ $20 \div 7 =$ | あまり |
| ⑦ $51 \div 9 =$ | あまり | ⑧ $21 \div 8 =$ | あまり |
| ⑨ $11 \div 3 =$ | あまり | ⑩ $32 \div 7 =$ | あまり |
| ⑪ $22 \div 6 =$ | あまり | ⑫ $44 \div 9 =$ | あまり |
| ⑬ $30 \div 4 =$ | あまり | ⑭ $51 \div 7 =$ | あまり |
| ⑮ $52 \div 9 =$ | あまり | ⑯ $53 \div 6 =$ | あまり |
| ⑰ $52 \div 8 =$ | あまり | ⑱ $23 \div 9 =$ | あまり |
| ⑲ $10 \div 4 =$ | あまり | ⑳ $50 \div 7 =$ | あまり |

点

# 小　数（1）

名前

1Lますを10等分した1つ分は0.1Lです。
**れい点一**（いち）リットルと読みます。

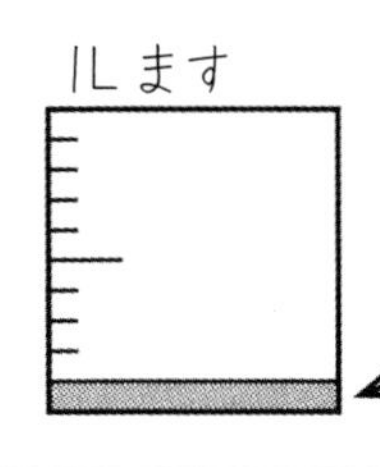


**0.1L（れい点一リットル）**

## 1　かさは、何Lですか。

① 1Lます

・0.1Lの5つ分。

（　　　）L

② 1Lます

（　　　）L

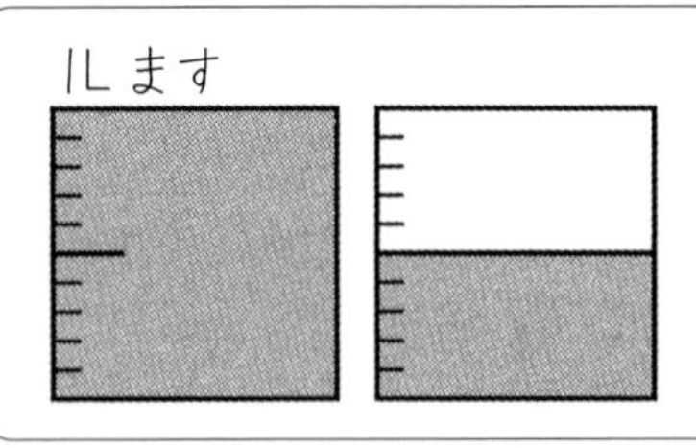


1Lと0.5Lを合わせると、1.5Lになります。**一点五リットル**と読みます。

## 2　かさは、何Lですか。

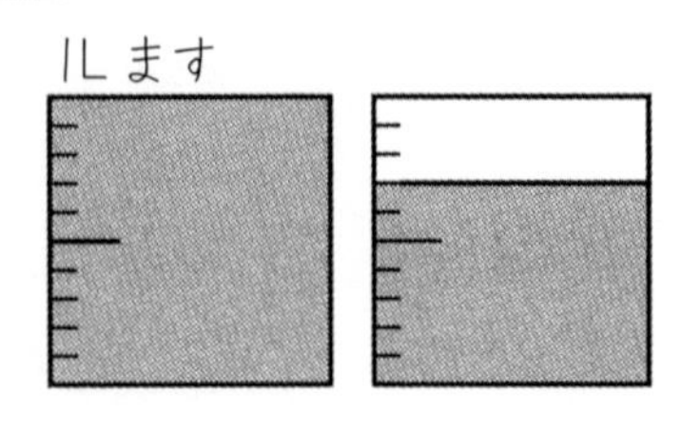


（　　.　　）L

月　日

# 小　数 (2)

名前

0.1, 0.5, 1.5などを **小数**（しょうすう） といいます。数の間の「.」を **小数点** といいます。小数点の右のくらいを **小数第一位**（しょうすうだいいちい） といいます。または $\frac{1}{10}$**の位**（くらい） といいます。0, 1, 2, 3, 4…は **整数**（せいすう） といいます。

| 一の位 | 小数第一位 |
|---|---|
| 0. | 1 |
| 1. | 5 |

## 1 次のかさは、何Lですか。

1Lます

① (　　　)L

② (　　　)L

③ (　　　)L

## 2 次のかさは何Lですか。小数で答えましょう。

① 0.1Lの8つ分　(　　　　)

② 1Lと0.1Lの9つ分　(　　　　)

③ 2Lと0.1Lの5つ分　(　　　　)

月　日

# 小　数 (3)

名前

**1** 下の数直線で、↑がさしている小数をかきましょう。

①

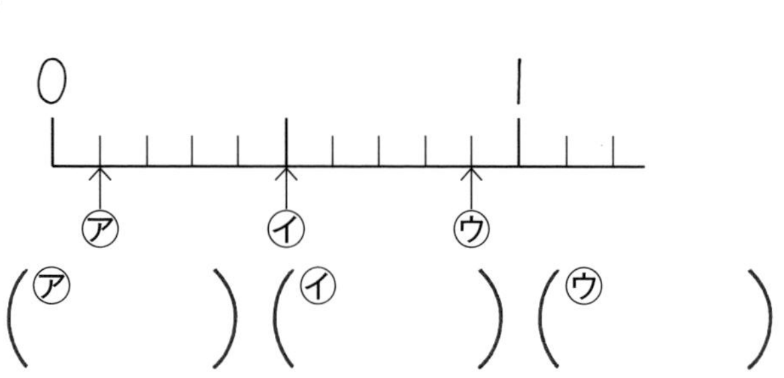


(㋐　　) (㋑　　) (㋒　　)

②

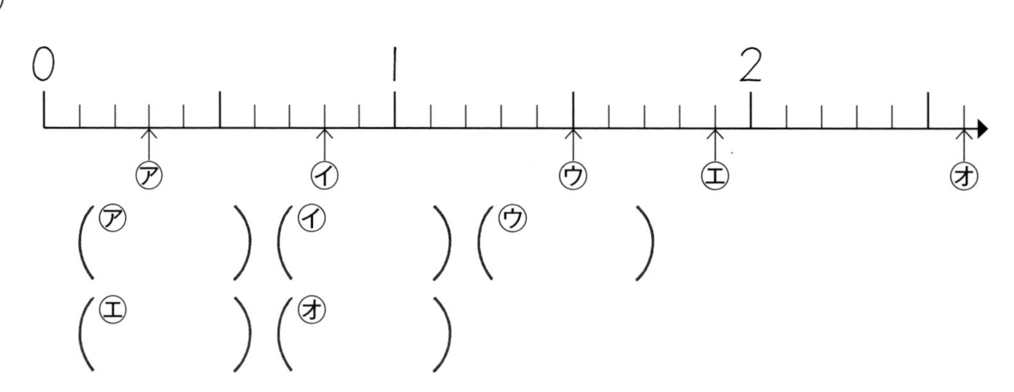


(㋐　　) (㋑　　) (㋒　　)

(㋓　　) (㋔　　)

**2** 次の［　］の小数を、数直線に↑でかきましょう。

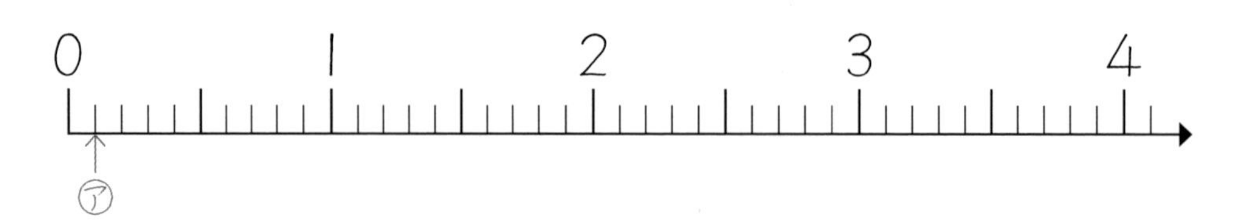


㋐ 0.1　㋑ 0.6　㋒ 1.4　㋓ 2.3　㋔ 3.8

月　日

# 小　数 (4)

名前

**1** 次の数をかきましょう。

① 0.1を3こ集(あつ)めた数　0.3

② 0.1を4こ集めた数

③ 0.1を7こ集めた数

**2** 次の数をかきましょう。

① 1と0.4を合わせた数　1.4

② 1と0.7を合わせた数

③ 2と0.1を合わせた数

**3** 次の数をかきましょう。

① 1と、0.1を2こ合わせた数　1.2

② 1と、0.1を9こ合わせた数

③ 2と、0.1を5こ合わせた数

**4** 次の数をかきましょう。

① 0.1を11こ集めた数　1.1

② 0.1を17こ集めた数

③ 0.1を24こ集めた数

# 小　数 (5)

名前

次(つぎ)の計算をしましょう。

①

|  | 4 | .1 |
|---|---|---|
| + | 3 | .7 |
|  | 7 | .8 |

たし算は、小数のときでも上下に位(くらい)をそろえます。
位をそろえると、小数点もそろいます。

②

|  | 2 | .5 |
|---|---|---|
| + | 0 | .2 |
|  |  |  |

③

|  | 0 | .2 |
|---|---|---|
| + | 0 | .6 |
|  | 0 | .8 |

④

|  | 5 | .6 |
|---|---|---|
| + | 0 | .9 |
|  |  |  |

⑤

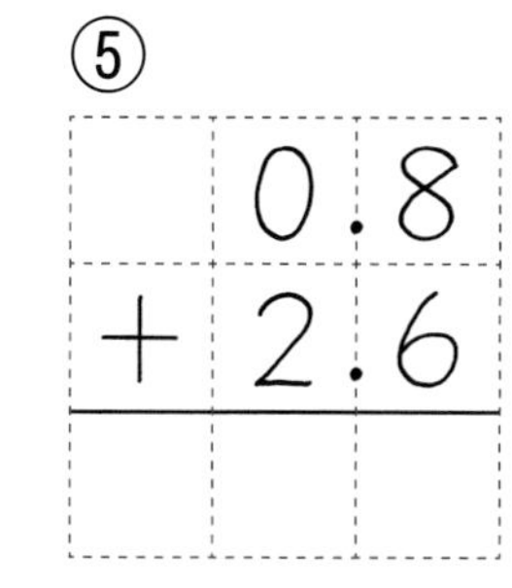

|  | 0 | .8 |
|---|---|---|
| + | 2 | .6 |
|  |  |  |

⑥

|  | 0 | .7 |
|---|---|---|
| + | 0 | .5 |
|  |  |  |

⑦

|  | 3 | .8 |
|---|---|---|
| + | 0 | .4 |
|  | 4 | .2 |

⑧

|  | 0 | .3 |
|---|---|---|
| + | 7 | .8 |
|  |  |  |

⑨

|  | 9 | .8 |
|---|---|---|
| + | 0 | .7 |
|  |  |  |

⑩

|  | 3 | .9 |
|---|---|---|
| + | 6 | .7 |
|  |  |  |

⑪

|  | 9 | .6 |
|---|---|---|
| + | 3 | .6 |
|  |  |  |

⑫

|  | 8 | .7 |
|---|---|---|
| + | 5 | .5 |
|  |  |  |

⑬

|  | 6 | .4 |
|---|---|---|
| + | 9 | .8 |
|  |  |  |

⑭

|  | 8 | .6 |
|---|---|---|
| + | 4 | .9 |
|  |  |  |

# 小　数 (6)

名前

次の計算をしましょう。

①

| | | |
|---|---|---|
| | 7 | .8 |
| − | 3 | .7 |
| | 4 | .1 |

ひき算は、小数のときでも上下に位をそろえます。
　位をそろえると、小数点もそろいます。
　かならず、上の数から下の数をひきます。

②

| | | |
|---|---|---|
| | 3 | .9 |
| − | 0 | .8 |
| | | |

③

| | | |
|---|---|---|
| | 7 | .3 |
| − | 0 | .6 |
| | 6 | .7 |

④

| | | |
|---|---|---|
| | 9 | .5 |
| − | 7 | .9 |
| | | |

⑤

| | | |
|---|---|---|
| | 7 | .4 |
| − | 4 | .8 |
| | | |

⑥

| | | |
|---|---|---|
| | 9 | .2 |
| − | 1 | .7 |
| | | |

⑦

| | | | |
|---|---|---|---|
| | 2 | 2 | .2 |
| − | | 0 | .8 |
| | 2 | 1 | .4 |

⑧

| | | | |
|---|---|---|---|
| | 3 | 4 | .1 |
| − | | 0 | .3 |
| | | | |

⑨

| | | | |
|---|---|---|---|
| | 5 | 9 | .5 |
| − | | 9 | .7 |
| | | | |

⑩

| | | | |
|---|---|---|---|
| | 1 | 3 | .4 |
| − | | 5 | .7 |
| | | | |

⑪

| | | | |
|---|---|---|---|
| | 1 | 5 | .2 |
| − | | 8 | .6 |
| | | | |

⑫

| | | | |
|---|---|---|---|
| | 1 | 7 | .1 |
| − | | 7 | .4 |
| | | | |

# 小　数 (7)

月　　日

名前

次の計算をしましょう。

①

| | 2 | .6 |
|---|---|---|
| ＋ | 3 | .4 |
| | 6 | .0 |

小数点より右の位にある右はしの0は、線で消します。

②

| | 0 | .2 |
|---|---|---|
| ＋ | 2 | .8 |
| | | |

③

| | 8 | .1 |
|---|---|---|
| ＋ | 0 | .9 |
| | | |

④

| | 4 | .7 |
|---|---|---|
| ＋ | 5 | .3 |
| 1 | 0 | .0 |

⑤

| | 7 | .8 |
|---|---|---|
| ＋ | 2 | .2 |
| | | |

⑥

| | 1 | .5 |
|---|---|---|
| ＋ | 8 | .5 |
| | | |

⑦

| | 8 | .6 |
|---|---|---|
| ＋ | 7 | .4 |
| | | |

⑧

| | 4 | .5 |
|---|---|---|
| ＋ | 3 | |
| | 7 | .5 |

一の位をそろえて計算します。

⑨

| | 0 | .8 |
|---|---|---|
| ＋ | 9 | |
| | | |

⑩

| | 1 | .9 |
|---|---|---|
| ＋ | 8 | |
| | | |

⑪

| | 3 | |
|---|---|---|
| ＋ | 8 | .6 |
| 1 | 1 | .6 |

一の位をそろえて計算します。

⑫

| | 4 | |
|---|---|---|
| ＋ | 0 | .1 |
| | | |

⑬

| | 5 | |
|---|---|---|
| ＋ | 0 | .8 |
| | | |

# 小　数 (8)

名前

✿ 次の計算をしましょう。

①

| | | |
|---|---|---|
| | 9. | 4 |
| − | 3. | 4 |
| | 6. | 0 |

小数点より右の位にある右はしの0は線で消します。

②

| | | |
|---|---|---|
| | 4. | 8 |
| − | 0. | 8 |
| | | |

③

| | | |
|---|---|---|
| | 6. | 2 |
| − | 0. | 2 |
| | | |

④

| | | |
|---|---|---|
| | 6. | 3 |
| − | 6. | 1 |
| | 0. | 2 |

一の位の答えが0のときは、0をかきます。

⑤

| | | |
|---|---|---|
| | 0. | 7 |
| − | 0. | 4 |
| | | |

⑥

| | | |
|---|---|---|
| | 5. | 6 |
| − | 4. | 8 |
| | | |

⑦

| | | |
|---|---|---|
| | 9. | 0 |
| − | 2. | 6 |
| | 6. | 4 |

位をそろえてかきます。
9を9.0と考えて計算します。

⑧

| | | |
|---|---|---|
| | 6 | |
| − | 4. | 3 |
| | | |

⑨

| | | |
|---|---|---|
| | 8. | 2 |
| − | 3 | |
| | | |

⑩

| | | | |
|---|---|---|---|
| | 1 | 3. | 6 |
| − | | 4. | 5 |
| | | 9. | 1 |

答えの十の位の0はかきません。

⑪

| | | | |
|---|---|---|---|
| | 1 | 0. | 7 |
| − | | 2 | |
| | | | |

# 分　数（1）

名前

分数のかきじゅん

$\frac{1}{3}$ …③ 分子（ぶんし）…①（線）…② 分母（ぶんぼ）

1m

|m を3等分（とうぶん）した|こ分の長さを $\frac{1}{3}$m といいます。
**三分の一メートル** と読みます。

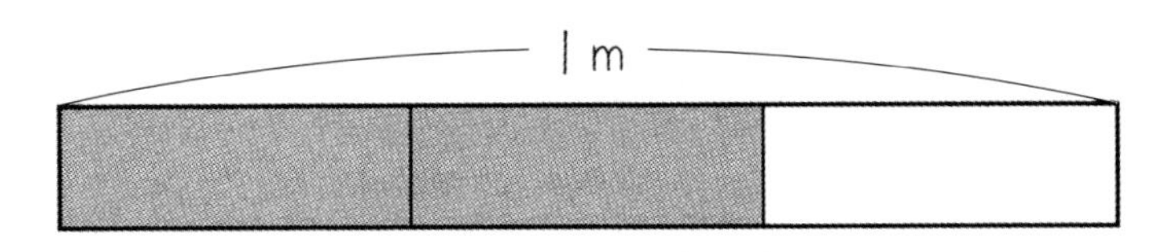


|m を3等分した2こ分の長さは $\frac{2}{3}$m です。
$\frac{1}{3}$や$\frac{2}{3}$のような数を **分数（ぶんすう）** といいます。

✿ 次（つぎ）の長さを分数で表（あらわ）して、（　）にかきましょう。

1m

① （　　　m）

② （　　　m）

③ 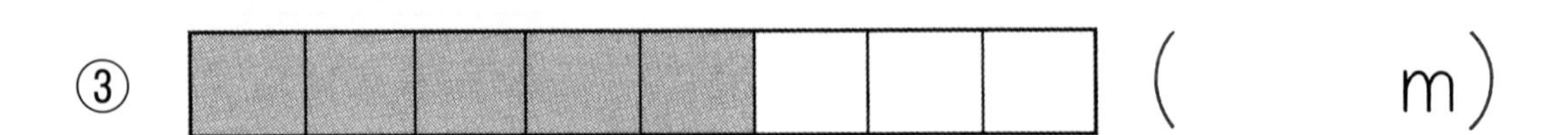 （　　　m）

# 分　数 (2)

月　　日

名前

**1** 図を見て、1mと同じ長さを分数で表しましょう。

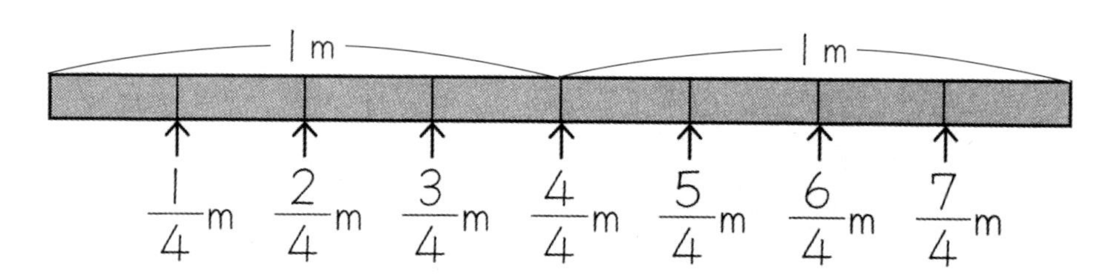


$1\text{m} = \frac{\square}{\square}\text{m}$

※1は、分子と分母が同じ分数で表すことができます。

**2** 次の□に整数（せいすう）をかきましょう。

① $\frac{1}{4}$を4こ集（あつ）めた数は□です。

② $\frac{1}{5}$を□こ集めた数は1です。

**3** 次の□に分数をかきましょう。

① $1 = \frac{\square}{6}$

② $1 = \frac{\square}{7}$

③ $\frac{\square}{8} = 1$

④ $\frac{\square}{10} = 1$

# 分　数 (3)

名前

$\frac{1}{5}+\frac{3}{5}$の計算のしかたを考えます。

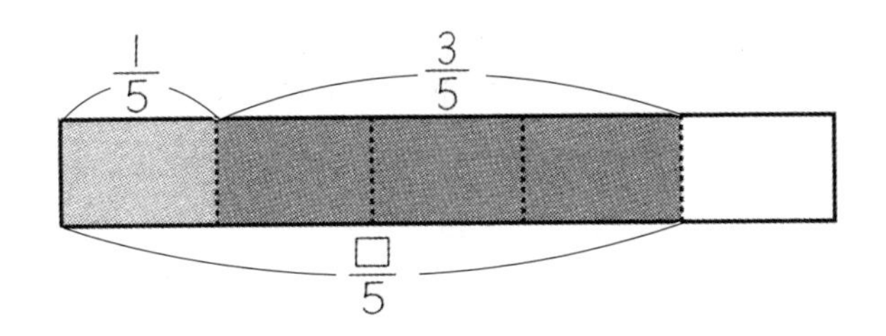

〈計算〉

$$\frac{1}{5}+\frac{3}{5}=\frac{4}{5}$$

㋑ 1＋3

㋐ そのまま

分母が同じ分数のたし算は
㋐　分母はそのまま。
㋑　分子をたし算する。

✿ 次の計算をしましょう。

① $\frac{1}{3}+\frac{1}{3}=\frac{2}{3}$　　② $\frac{2}{4}+\frac{1}{4}=$

③ $\frac{4}{8}+\frac{1}{8}=$　　④ $\frac{3}{7}+\frac{2}{7}=$

⑤ $\frac{2}{6}+\frac{3}{6}=$　　⑥ $\frac{1}{9}+\frac{4}{9}=$

# 分 数 (4)

名前

$\frac{4}{5}-\frac{3}{5}$の計算のしかたを考えます。

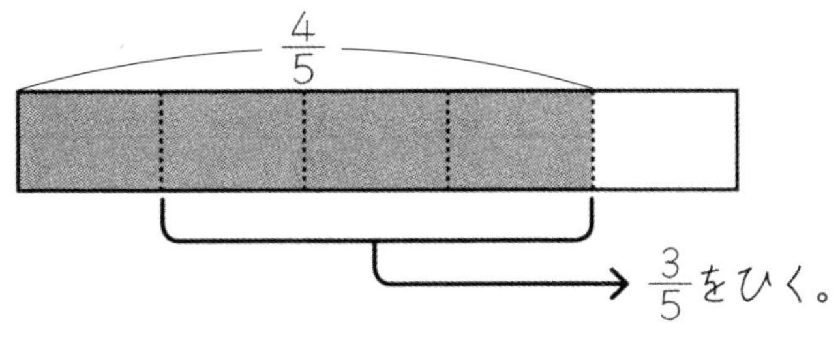


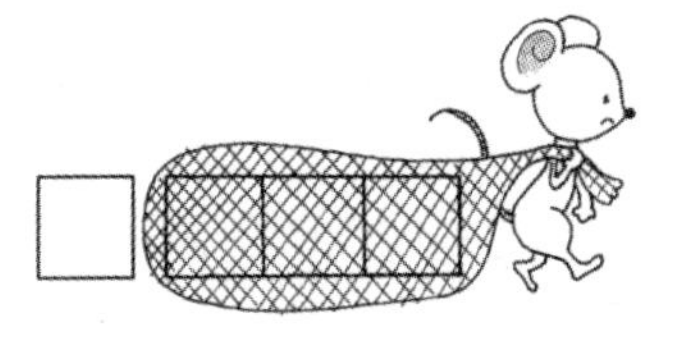

〈計算〉

$$\frac{4}{5}-\frac{3}{5}=\frac{1}{5}$$

㋑ 4－1

㋐ そのまま

分母が同じ分数のひき算は
㋐ **分母はそのまま。**
㋑ **分子をひき算する。**

✿ 次(つぎ)の計算をしましょう。

① $\frac{3}{5}-\frac{2}{5}=$

② $\frac{7}{8}-\frac{4}{8}=$

③ $\frac{6}{7}-\frac{2}{7}=$

④ $\frac{8}{9}-\frac{4}{9}=$

⑤ $\frac{9}{10}-\frac{6}{10}=$

⑥ $\frac{5}{6}-\frac{4}{6}=$

# 分　数 (5)

名前

## 1 次の計算をしましょう。

> たし算して、分子と分母が同じ数になったときは1にします。

① $\frac{3}{5}+\frac{2}{5}=\frac{5}{5}$

$=1$

② $\frac{4}{7}+\frac{3}{7}=$

$=$

③ $\frac{5}{9}+\frac{4}{9}=$

$=$

④ $\frac{3}{4}+\frac{1}{4}=$

$=$

⑤ $\frac{1}{8}+\frac{7}{8}=$

$=$

## 2 次の計算をしましょう。

> 1を、ひく数の分母とあわせて、$\frac{6}{6}$にします。
> 分母と分子が同じ数なら、どんな分数も1になります。

① $1-\frac{1}{6}=\frac{6}{6}-\frac{1}{6}$

$=\frac{5}{6}$

② $1-\frac{1}{3}=$

$=$

③ $1-\frac{3}{5}=$

$=$

④ $1-\frac{4}{7}=$

$=$

⑤ $1-\frac{5}{8}=$

$=$

# 分　数 (6)

名前

次の計算をしましょう。

① $\frac{1}{3}+\frac{1}{3}=$

② $\frac{2}{3}-\frac{1}{3}=$

③ $\frac{1}{5}+\frac{2}{5}=$

④ $\frac{4}{5}-\frac{2}{5}=$

⑤ $\frac{2}{5}+\frac{2}{5}=$

⑥ $\frac{7}{9}-\frac{2}{9}=$

⑦ $\frac{1}{7}+\frac{2}{7}=$

⑧ $\frac{6}{7}-\frac{3}{7}=$

⑨ $\frac{2}{7}+\frac{2}{7}=$

⑩ $\frac{5}{7}-\frac{2}{7}=$

# 分　数 (7)

名前

次(つぎ)の計算をしましょう。

① $\frac{4}{5}+\frac{1}{5}=$

$=$

② $\frac{3}{8}+\frac{5}{8}=$

$=$

③ $1-\frac{5}{6}=$

$=$

④ $1-\frac{5}{8}=$

$=$

⑤ $\frac{4}{9}+\frac{5}{9}=$

$=$

⑥ $\frac{4}{5}+\frac{1}{5}=$

$=$

⑦ $\frac{7}{9}+\frac{2}{9}=$

$=$

⑧ $\frac{3}{10}+\frac{7}{10}=$

$=$

⑨ $1-\frac{1}{10}=$

$=$

⑩ $1-\frac{3}{8}=$

$=$

# 分　数 (8)

名前

分数と小数の大きさを考えます。

㋐ 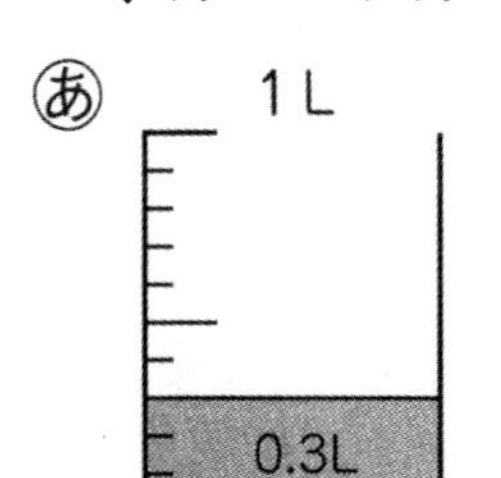


㋑ 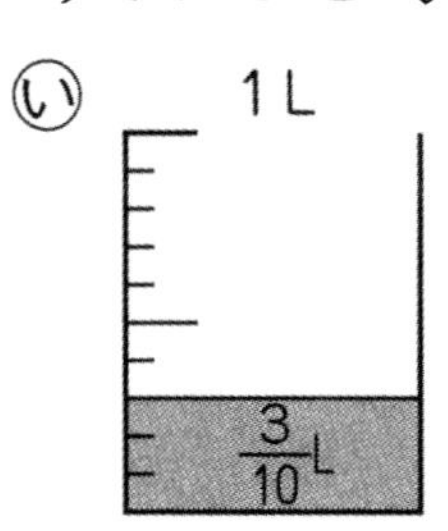


㋐は0.3L、

㋑は$\frac{3}{10}$Lです。

0　㋐　0.5　1 (L)

$\frac{1}{10}$　㋑

$$0.3\text{L} = \frac{3}{10}\text{L}$$

$$0.3 = \frac{3}{10}$$

分数は小数で、小数は分母が10の分数で表(あらわ)しましょう。

① $0.9 = \frac{\square}{10}$

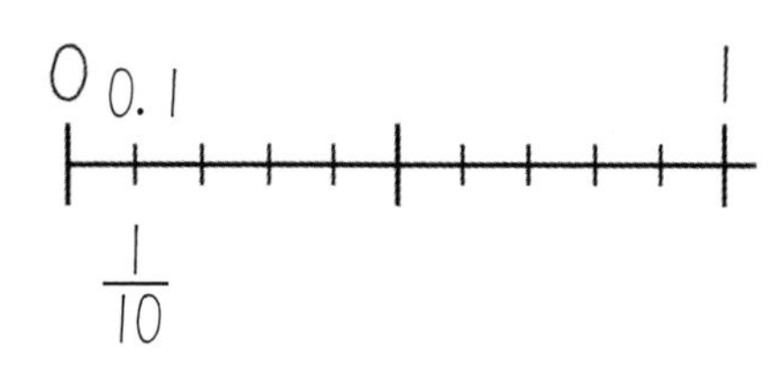


② $\frac{9}{10} =$

③ $0.7 = \frac{\square}{10}$

④ $\frac{3}{10} =$

⑤ $\frac{8}{10} =$

月　　日

# 長さ(1)

名前

まきじゃくは、教室の長さをはかったり、柱(はしら)や木のみきのまわりをはかったりするのにべんりです。

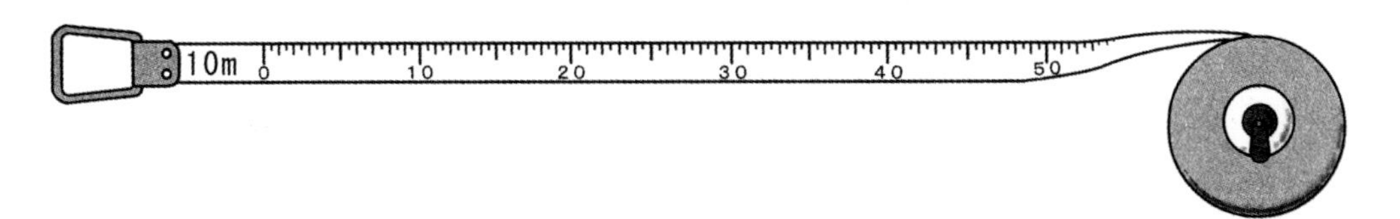


まきじゃくには、10m、30m、50mなど、いろいろな長さのものがあります。

**1** 下の①と②のまきじゃくは、0の場所(ばしょ)がちがいます。それぞれ0のところに↓のしるしをつけましょう。

① 0 10

② 10

**2** 柱を1まわりさせると、まきじゃくが図のようになりました。柱のまわりの長さはどれだけですか。

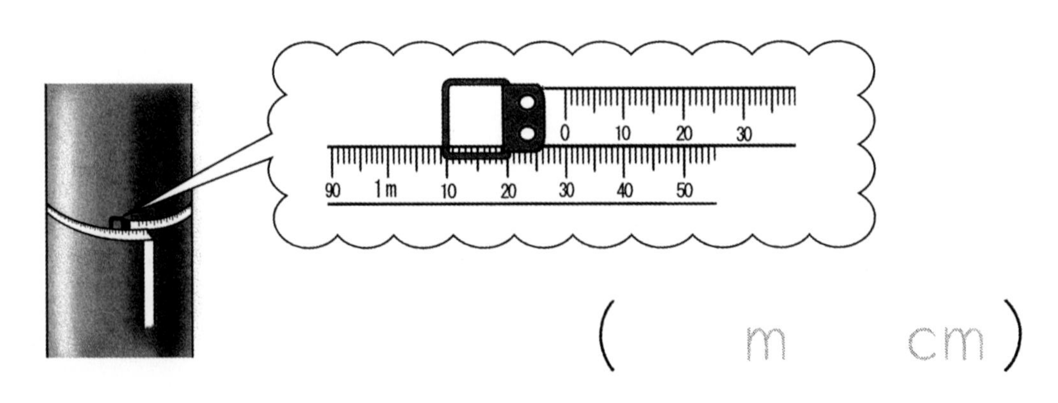


(　　m　　cm)

# 長　さ (2)

名前

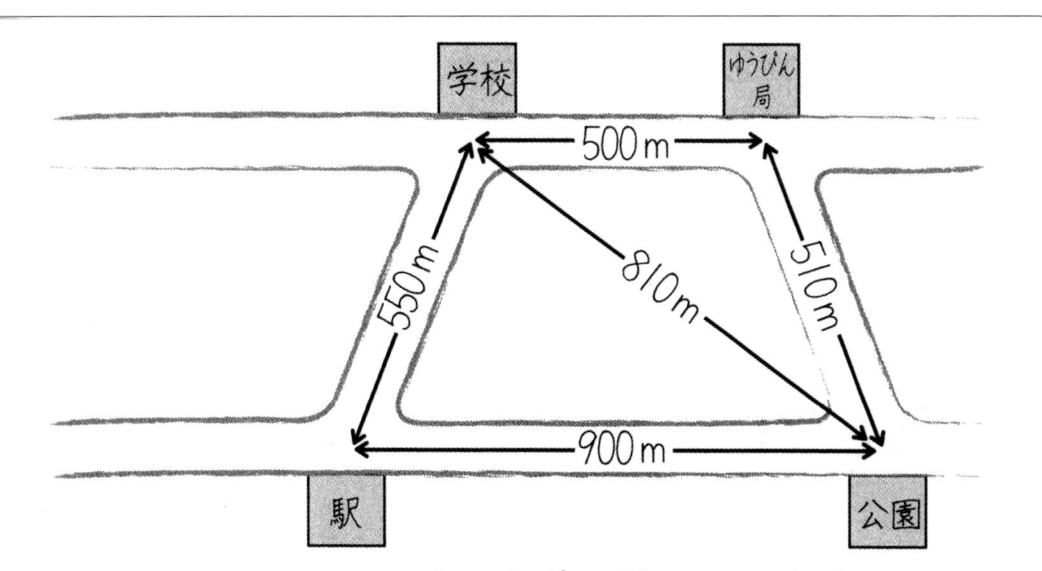


道にそってはかった長さを**道のり**といいます。

地図の上などで、２つの地点をまっすぐにはかった長さを**きょり**といいます。

**1**　学校から、ゆうびん局(きょく)を通って、公園までの道のりは、何mですか。また、学校→駅(えき)→公園の道のりは、何mですか。

①　ゆうびん局を通る道

式(しき)

答え　　　m

②　駅を通る道

式

答え　　　m

**2**　学校と公園のきょりは、何mですか。

（　　　m）

月　日

# 長　さ (3)

名前

1000m を 1 キロメートルといいます。

**1000m ＝ 1 km（キロメートル）**

km も長さのたんいです。

**1** km をていねいに練習（れんしゅう）しましょう。

1km km km km

**2** 1360m は、何 km 何 m になるか考えましょう。

| km | | | m |
|---|---|---|---|
| 1 | 3 | 6 | 0 |

1000m ＝ 1 km です。

（　　km　　m）

**3** （　）にあてはまる数を入れ、たんいをなぞりましょう。

① 1230m ＝（　　km　　m）

② 3400m ＝（　　km　　m）

**4** （　）にあてはまる長さのたんい km、m、cm をかきましょう。

① ノートの横（よこ）の長さ…… 18（　　）

② 遠足で歩いた道のり… 8（　　）

③ プールのたての長さ… 25（　　）

# 長　さ (4)

名前

✿ 次(つぎ)の計算をしましょう。

① 400m ＋ 300m ＝

② 700m － 200m ＝

③ 600m ＋ 400m ＝

④ 1km － 500m ＝

⑤ 1km900m － 900m ＝

⑥ 1km900m ＋ 100m ＝

⑦ 3km ＋ 15km ＝

⑧ 21km － 6km ＝

⑨ 2km550m ＋ 1km450m ＝

⑩ 4km700m － 2km200m ＝

⑪ 3km680m － 3km ＝

⑫ 2km800m ＋ 1km400m ＝

# 重　さ (1)

月　　日　

名前

重（おも）さは、はかりではかります。重さのたんいには、g（グラム）があります。1円玉は、1こ1gになるように作られています。

1g

1000gを1キログラムといい、1kgとかきます。
キログラムも重さのたんいです。

1kg

✿ はかりのめもりを読みましょう。

①

0　1kg　100g　200g　300g　400g　500g　600g　700g　800g　900g

(　　　g)

②

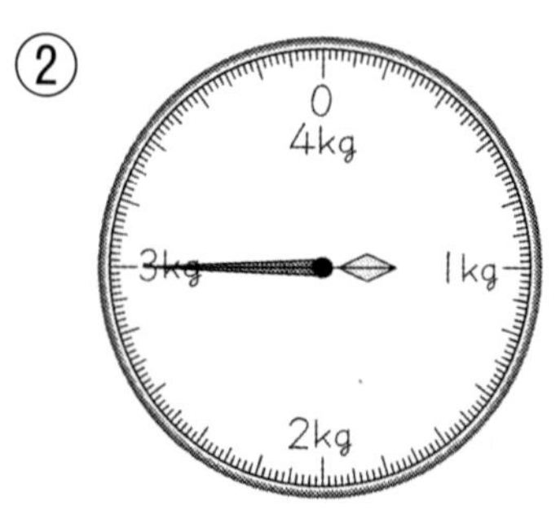


(　　　kg)

# 重　さ (2)

名前

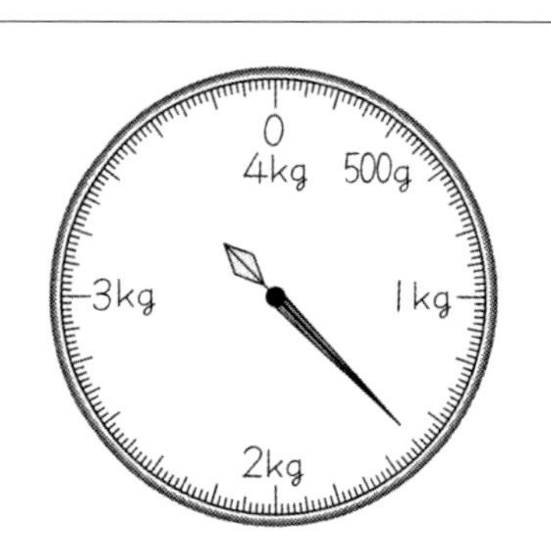


1kg500gのことを、
1500gともいいます。

| kg | | | g |
|---|---|---|---|
| 1 | 5 | 0 | 0 |

✿　はかりのめもりを読み、kgをつかったかき方とgだけのかき方をしましょう。

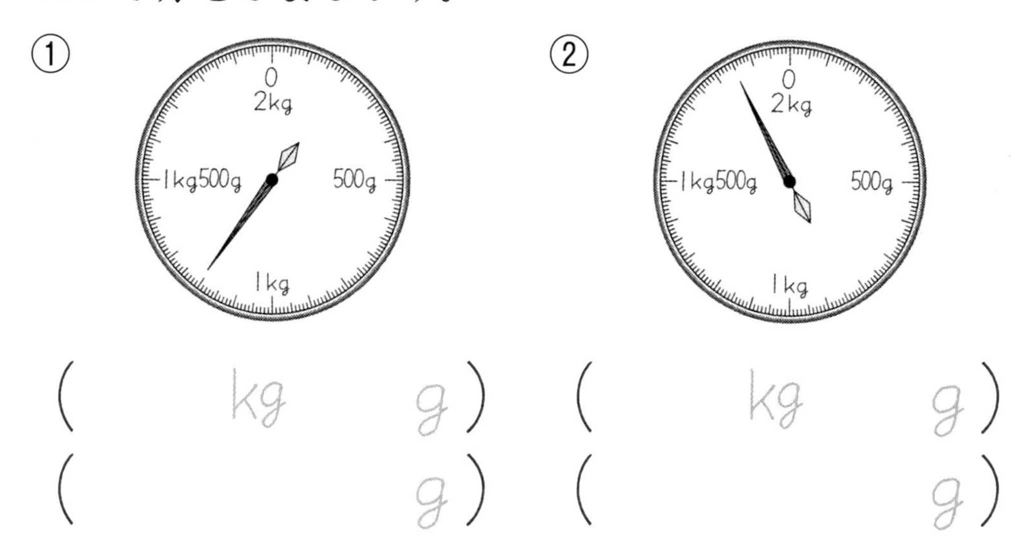


①（　　kg　　g）
（　　　　g）

②（　　kg　　g）
（　　　　g）

横浜市(よこはま)では、1人が2か月で、およそ15tの水を使(つか)います。1tは1トンと読みます。

1000kg＝1t

トン（t）も重さのたんいです。

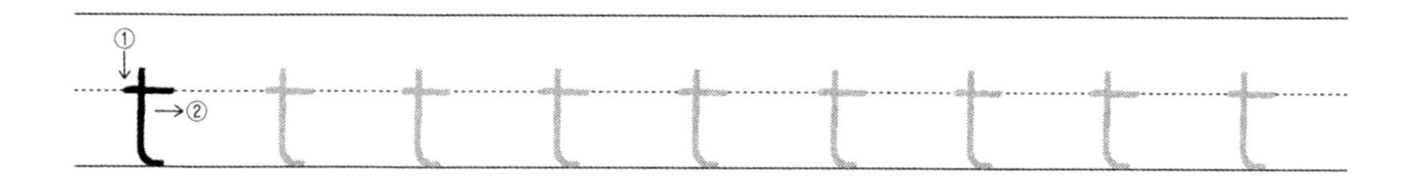

# 重　さ (3)

名前

**1** □に数をかきましょう。

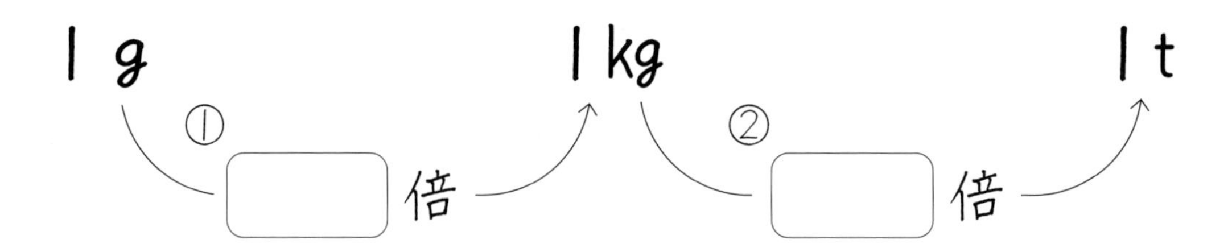


**2** （　）に重さ(おも)のたんい t、kg、g をかきましょう。

① 教科書は、210（　　　）ありました。

② ランドセルは、1300（　　　）ありました。これは、1（　　　）300（　　　）です。

③ 35さいのメスのゾウの体重(たいじゅう)は、4500（　　　）でした。これは、4（　　　）500（　　　）です。

④ たまご1この重さをはかると、57（　　　）でした。

⑤ はじめさんの体重は、28（　　　）でした。

⑥ 学校のプールに入っている水の重さは、250（　　　）ほどです。

# 重さ (4)

名前　　　　月　　日

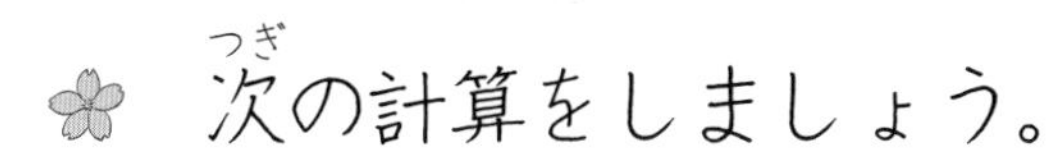

次(つぎ)の計算をしましょう。

① 350 g ＋ 500 g ＝

② 800 g － 300 g ＝

③ 480 g ＋ 820 g ＝

④ 1 kg － 300 g ＝

⑤ 880 g ＋ 330 g ＝

⑥ 4 kg 700 g － 500 g ＝

⑦ 1 kg 300 g ＋ 700 g ＝

⑧ 7 kg 200 g － 200 g ＝

⑨ 5 kg 800 g ＋ 2 kg 400 g ＝

⑩ 2 kg 400 g － 600 g ＝

⑪ 3 t ＋ 8 t ＝

⑫ 11 t － 7 t ＝

# 時こくと時間 (1)

名前

**1** 次(つぎ)の時間を調(しら)べましょう。

① 朝の読書

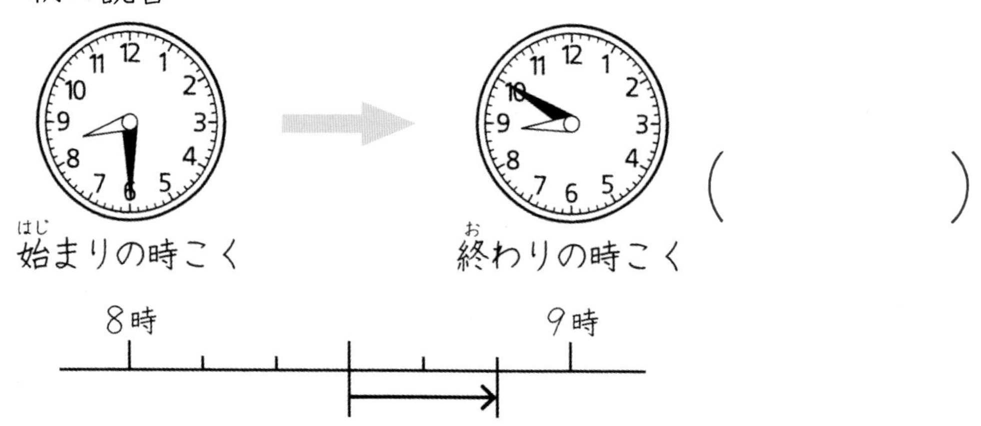


( )

② 1時間目

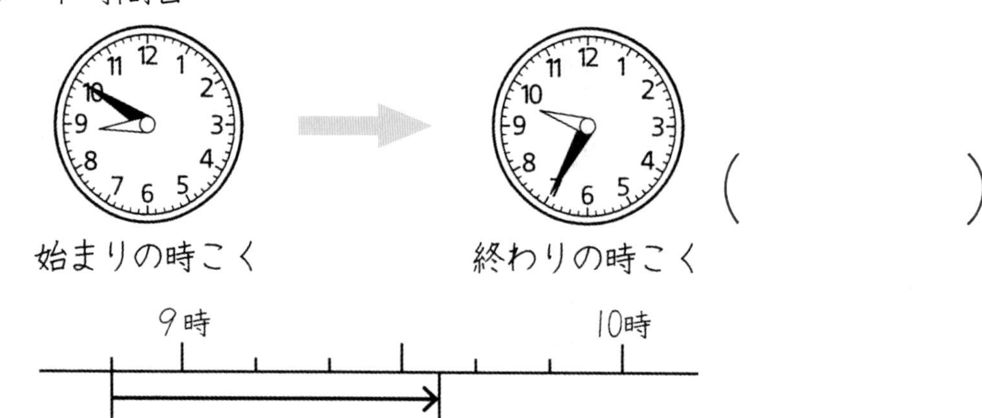


( )

③ 学校にいた時間

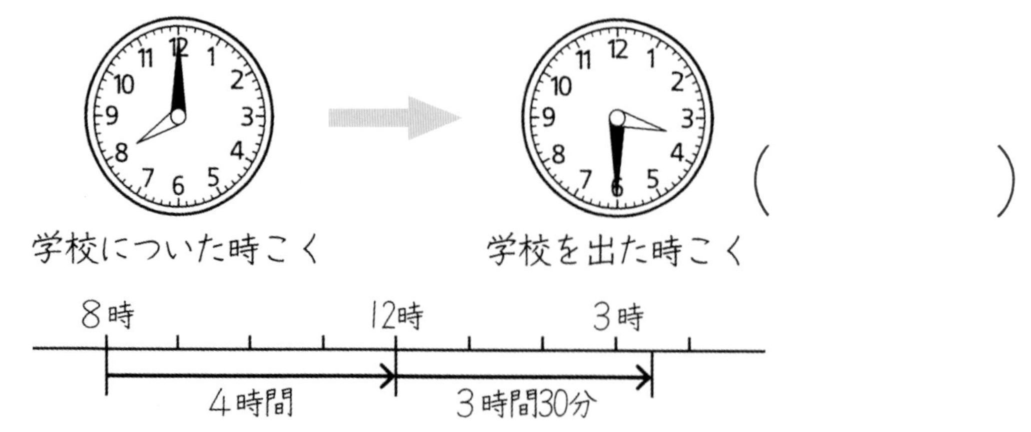


( )

月　　日

# 時こくと時間 (2)

名前

**1** 今、午前10時30分です。50分たつと何時何分ですか。

10時30分
＋　　50分
10時80分
　　←60分
11時20分

(　　　　　　　)

**2** 今、午後5時10分です。公園に1時間30分前に来ました。公園に来た時こくは何時何分ですか。

4　　70
~~5~~時　~~10~~分
－1時(間)30分
3時　40分

(　　　　　　　)

**3** 次の時こくをかきましょう。

午　前

1時間40分前

①

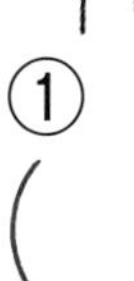

(　　　　)

2時間50分後

②

(　　　　)

月　　日

# 時こくと時間 (3)

名前

50m 走の時間を計るとき、ストップウォッチを使います。1分より短(みじか)い時間のたんいは 秒(びょう) です。

1分＝60秒

**1** 次(つぎ)の時間を秒にしましょう。

〈れい〉 1分20秒＝80秒

60秒＋20秒

① 1分5秒＝(　　　秒)

② 1分30秒＝(　　　秒)

**2** 次の時間を分と秒にしましょう。

〈れい〉 90秒＝1分30秒

90秒－60秒＝30秒

① 95秒＝(　　分　　秒)

② 110秒＝(　　分　　秒)

**3** □にあてはまる、日、時間、分、秒をかきましょう。

① 50m 走るのにかかった時間 … 9 □

② 学校の昼休みの時間…………… 20 □

③ 学校へ行っている時間………… 7 □

④ 1週間の日数…………………… 7 □

# 時こくと時間 まとめ

名前

**1** 次の□にあてはまるをかきましょう。 (□1つ10点)

① 1分10秒＝□秒

② 65秒＝□分□秒

③ 70分＝□時間□分

**2** 次の時間をかきましょう。 (20点)

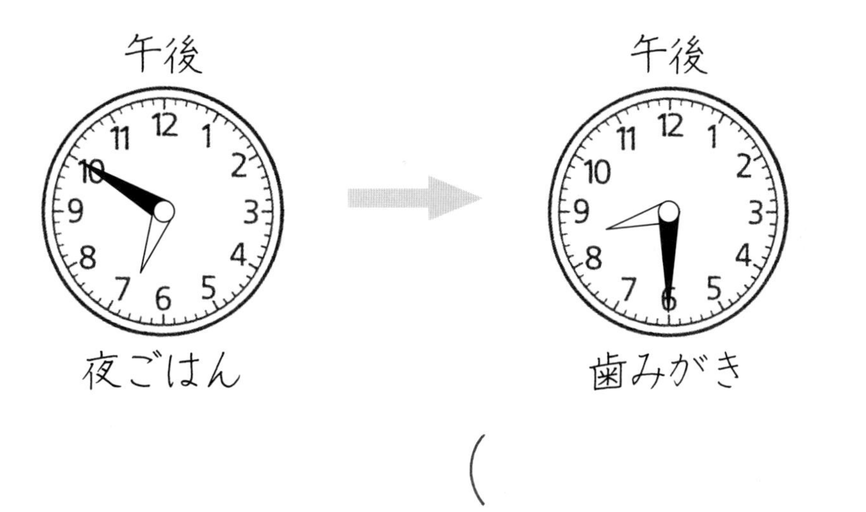


(　　　　　　　　)

**3** 次の時こくをかきましょう。

10時10分に家を出て、40分後に図書館(としょかん)に着きました。図書館についた時こくは何時何分ですか。 (30点)

(　　　　　　　　)

点

# 円と球 (1)

月　　日

名前

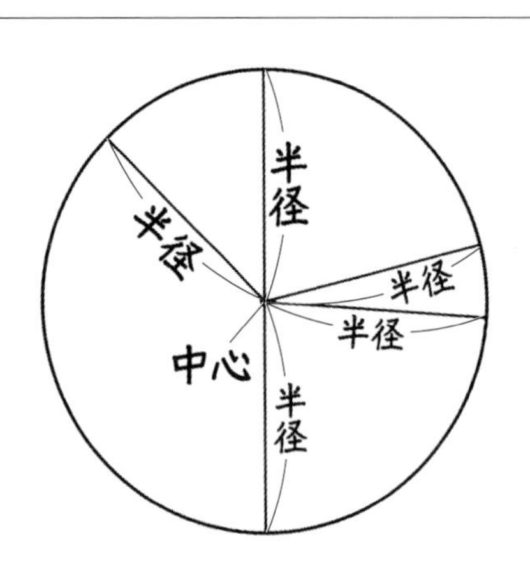


　1つの点から、同じ長さになるように線をひいてできた形を**円**といいます。

　円のまん中の点を**円の中心**といいます。円の中心から円のまわりまでを**半径**(はんけい)といいます。半径は何本でもあります。

　円のまわりから、円の中心を通り、反対(はんたい)がわの円のまわりまでひいた直線を**直径**(ちょっけい)といいます。直径の長さは、半径の2倍(ばい)です。直径も何本でもあります。

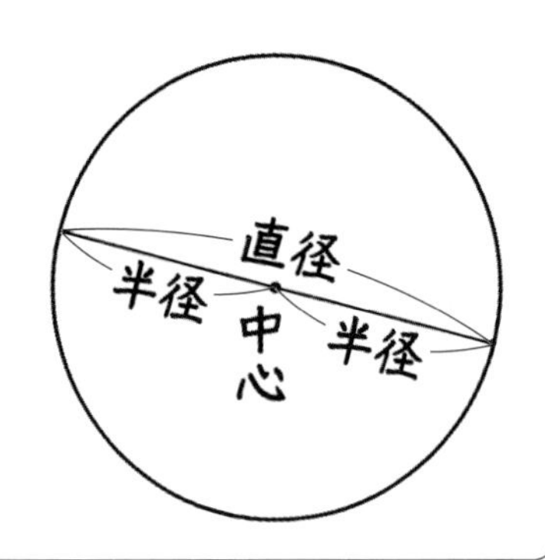


✿　図を見て答えましょう。

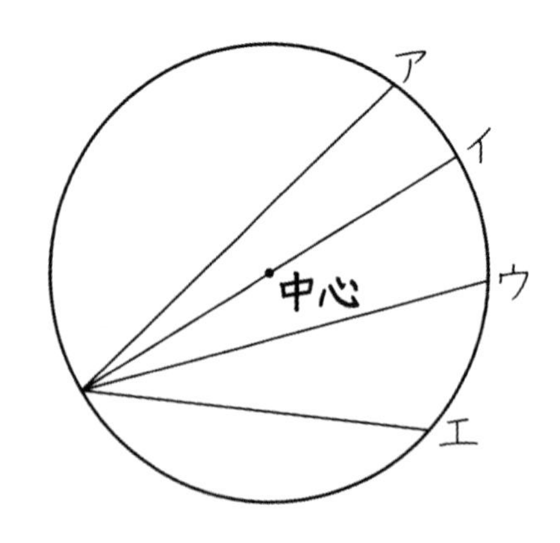


① 一番長い直線はどれですか。

(　　　　)

② 一番長い直線は、どこを通っていますか。

(　　　　)

月　日

名前

# 円と球 (2)

## コンパスの使い方

半径5cmの円のかき方

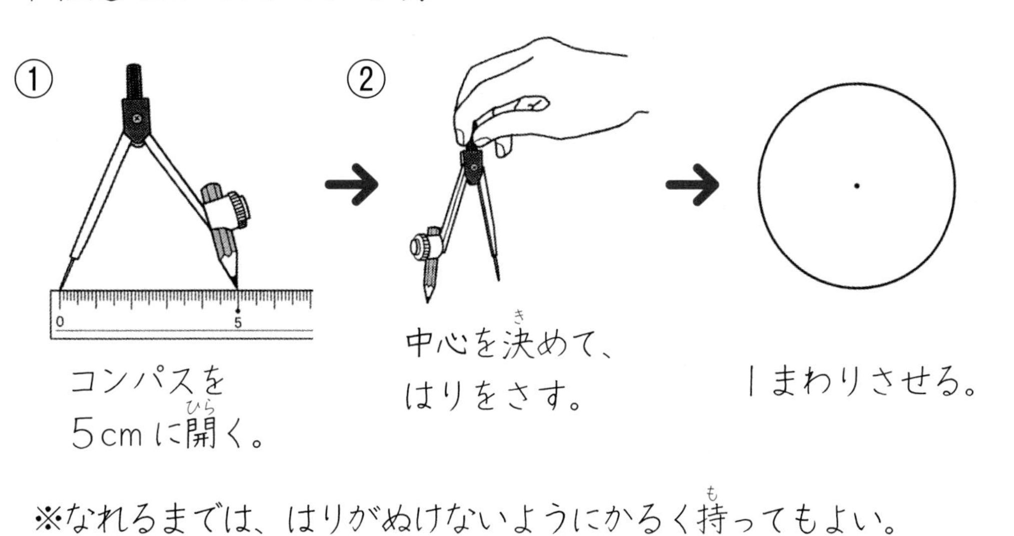


① コンパスを5cmに開く。 → ② 中心を決めて、はりをさす。 → 1まわりさせる。

※なれるまでは、はりがぬけないようにかるく持ってもよい。

✿ 半径5cmの円をかきましょう。

・中心
（はりをさす）

・かきはじめ

時計の40分のところからかき始めるとかきやすい。

# 円と球 (3)

✿ コンパスを使(つか)って、円をかきましょう。

① 半径(はんけい)2cm の円

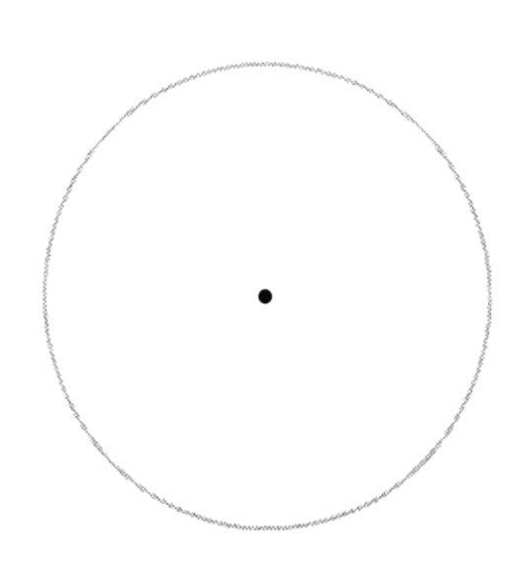

② 半径3cm の円

③ 中心は同じで、半径4cm の円と半径5cm の円

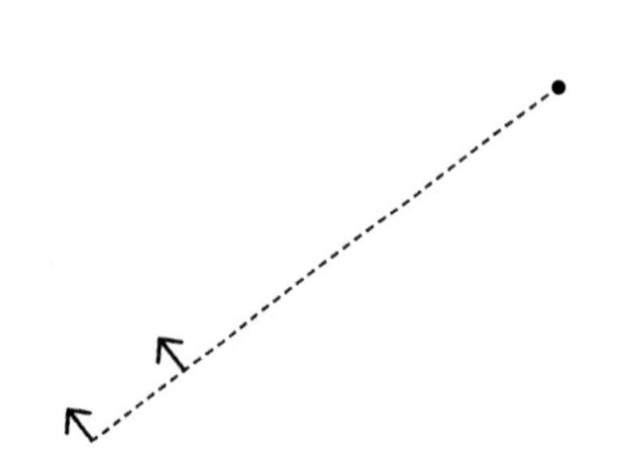

# 円と球 (4)

名前

✿ コンパスを使って、円をかきましょう。

① 直径(ちょっけい)4cm の円　　② 直径6cm の円

③ 中心は同じで、直径8cm の円と直径 10cm の円

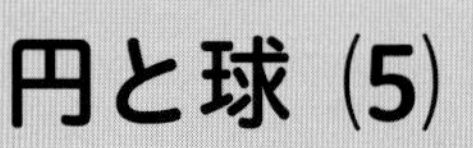

# 円と球 (5)

月　日

名前

ボールのように、どこから見ても円に見える形を、球（きゅう）といいます。

**1** 下の図は、球を半分に切ったところです。

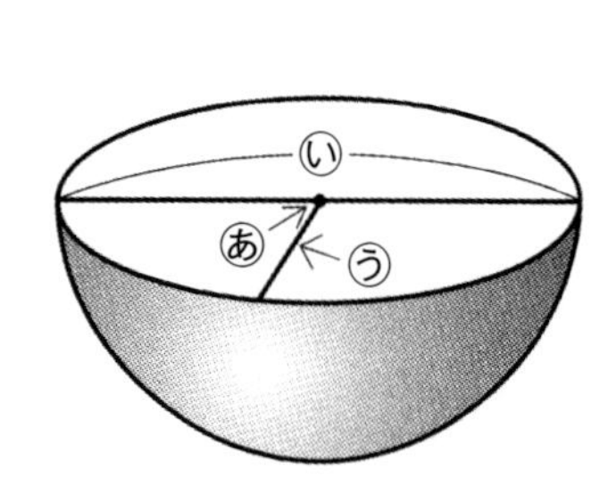


① あ、い、うは、それぞれ何といいますか。

あ 球の（　　　　）

い 球の（　　　　）

う 球の（　　　　）

② 切り口は何という形ですか。

（　　　　）

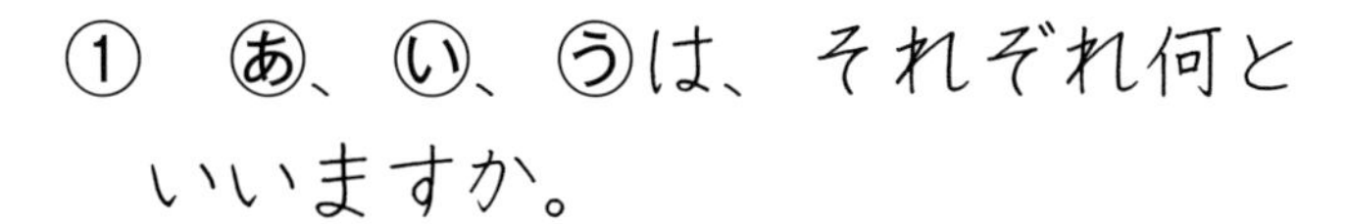

**2** 箱（はこ）の中にボール6こがぴったり入っています。

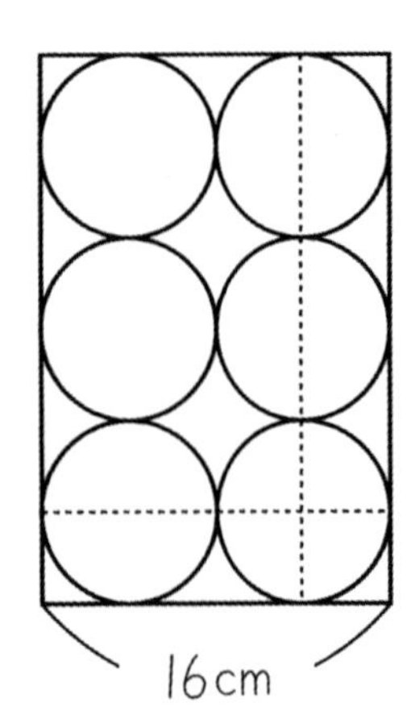


このボールの直径（ちょっけい）は何 cm ですか。

式（しき）

答え

# 三角形 (1)

名前

　１つの点から出ている２本の直線が作る形を **角**（かく）といいます。

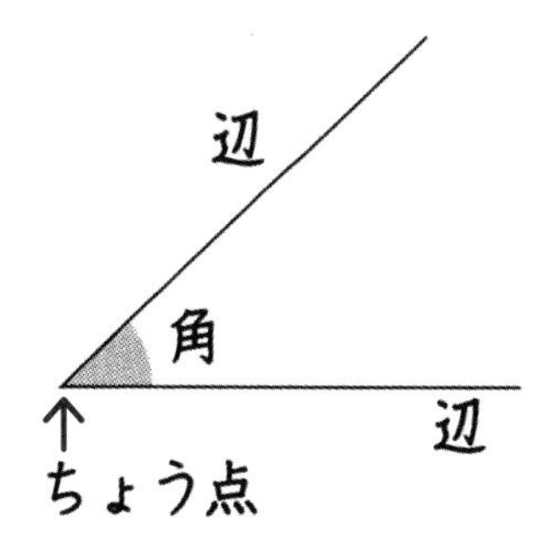


　角を作る直線を **辺**（へん）といいます。

　１つの点を **ちょう点** といいます。

　２つの辺の長さが等（ひと）しい三角形を **二等辺三角形**（にとうへんさんかくけい） といいます。

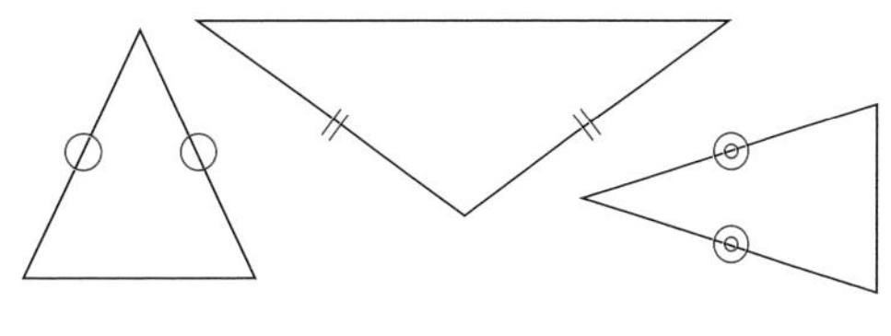

　３つの辺の長さがみんな等しい三角形を **正三角形** といいます。

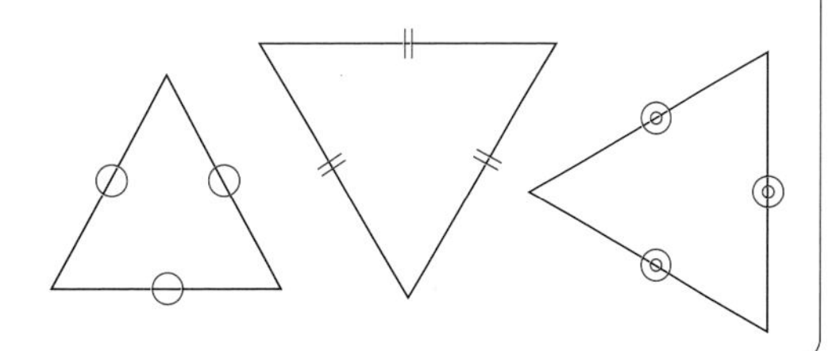

✿ 正三角形と二等辺三角形に分けましょう。

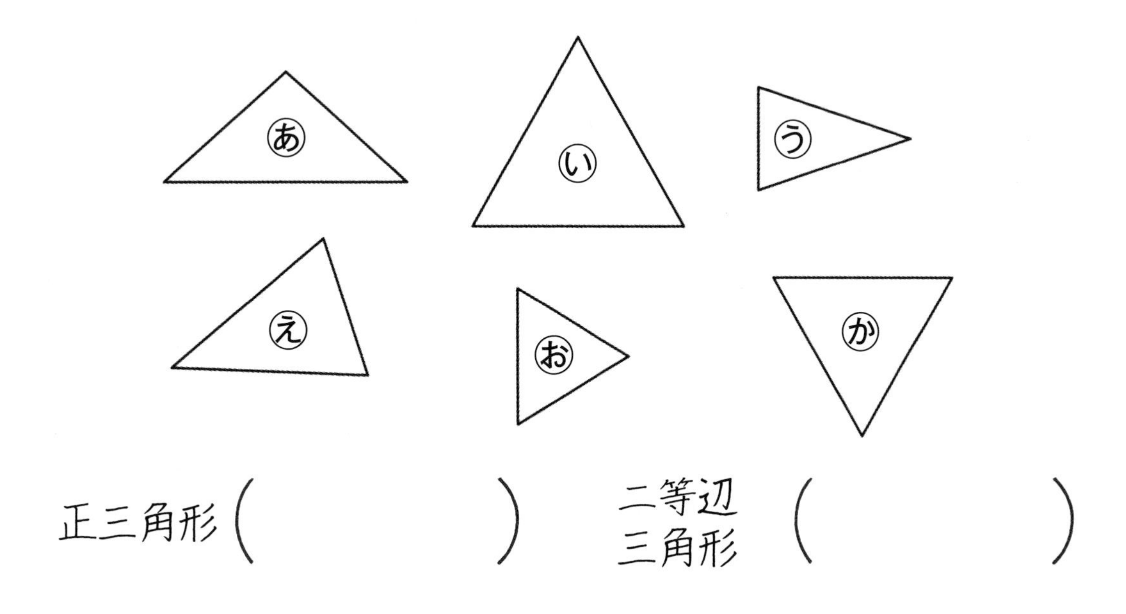


正三角形（　　　　　　）　　二等辺三角形（　　　　　　）

月　日

# 三角形 (2)

名前

## 1 二等辺三角形のかき方

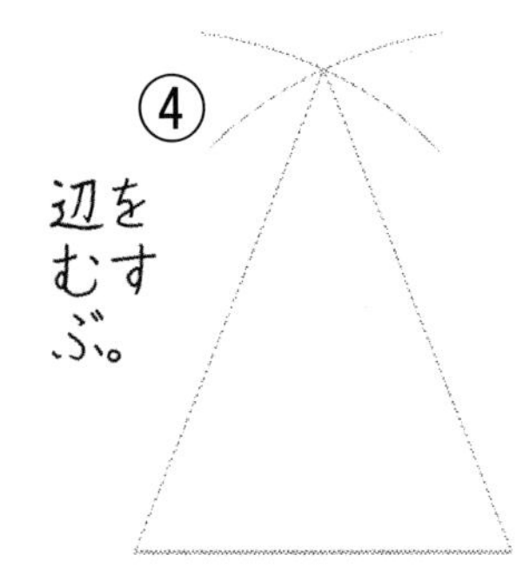


① 3cmの辺をひく。

② コンパスで・から4cmのところにしるしをつける。

はり

③ 下の辺の反対がわから4cmの線が交わるようにしるしをつける。

はり

④ 辺をむすぶ。

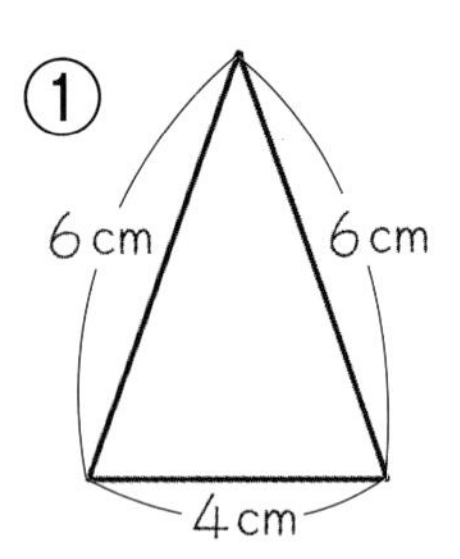

◎上のかき方のように右に自分で左上の図の二等辺三角形をかきましょう。

3cm

## 2 二等辺三角形をかきましょう。

①

6cm　6cm　4cm

②

4cm　4cm　6cm

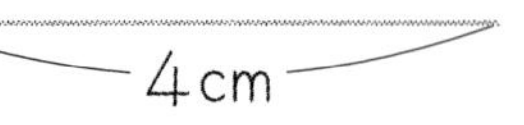


6cm

# 三角形 (3)

月　日

名前

## 1 正三角形のかき方

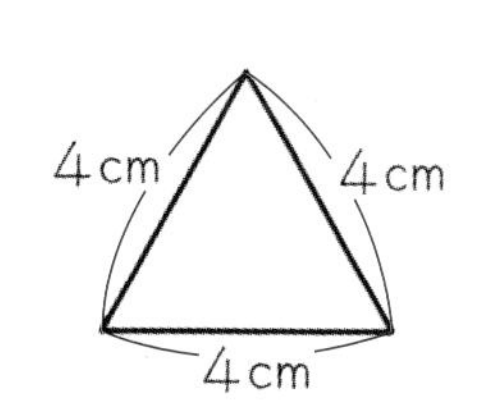


① 4cmの辺をひく。

② コンパスで4cmのところにしるしをつける。

はり

③ 下の辺の反対がわから4cmの線が交わるようにしるしをつける。

はり

④ 辺をむすぶ。

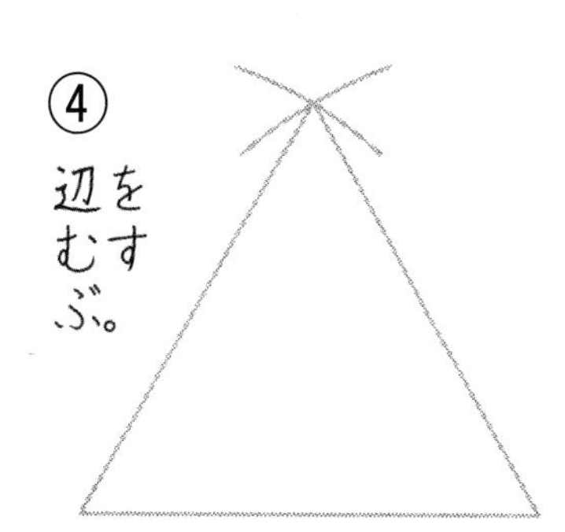

## 2 辺の長さが5cmの正三角形と、辺の長さが6cmの正三角形をかきましょう。

① 5cm

② 6cm

5cm

6cm

# 三角形 (4)

名前

✿ 円の中心がちょう点になる二等辺三角形を３つかきましょう。

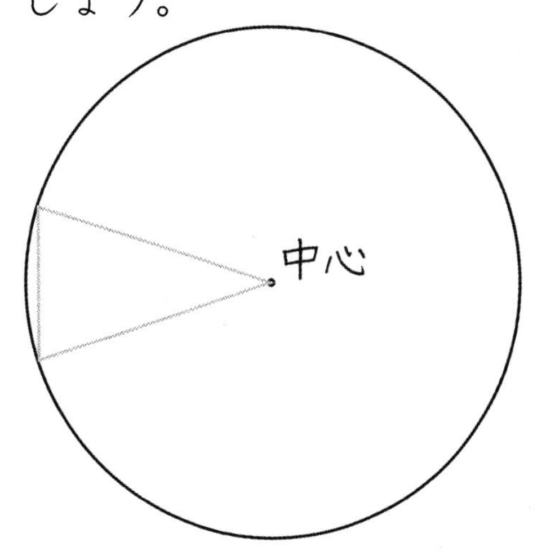


半径はどこも同じ長さです。だから、中心をちょう点にする三角形はどれも、二等辺三角形になります。

二等辺三角形を切りとり、角が重なるようにして、大きさをくらべましょう。（いろいろな角で　やってみましょう。）

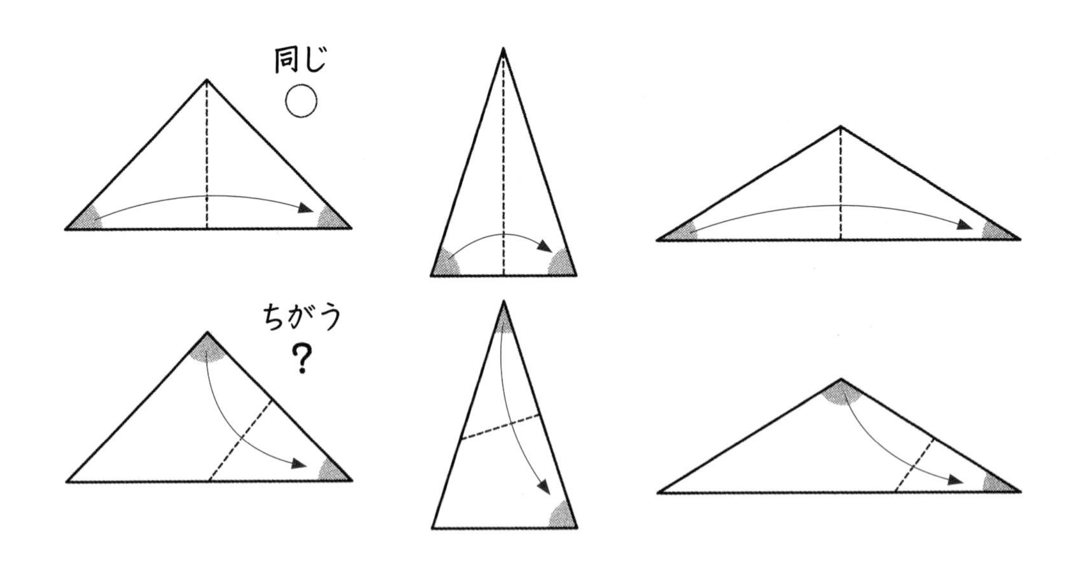


二等辺三角形は、２つの角の大きさが同じです。

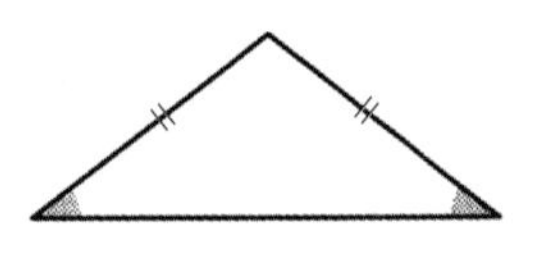

# 三角形 (5)

名前

正三角形を切りとり、角が重なるようにして、大きさをくらべましょう。

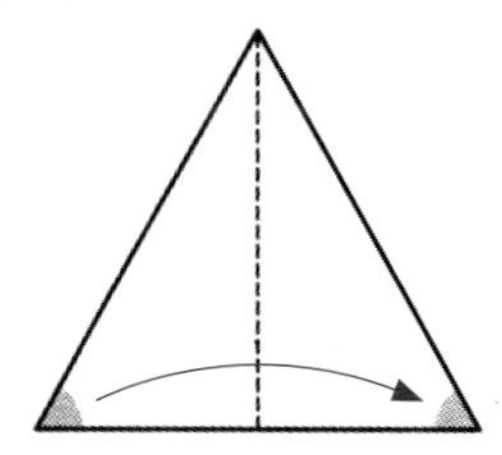

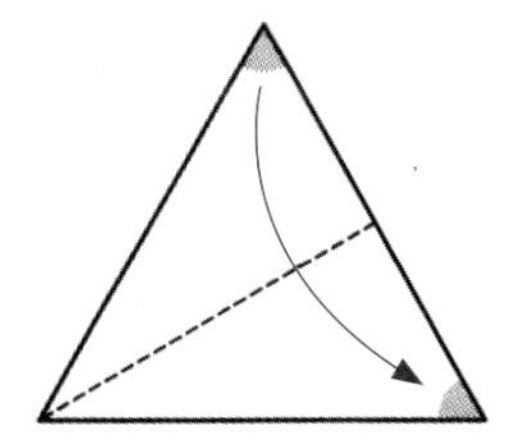

正三角形は、3つの角の大きさがみんな同じです。

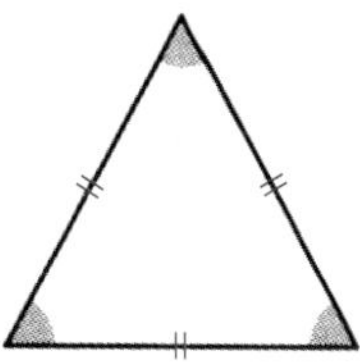

**1** おり紙で正三角形を作りましょう。

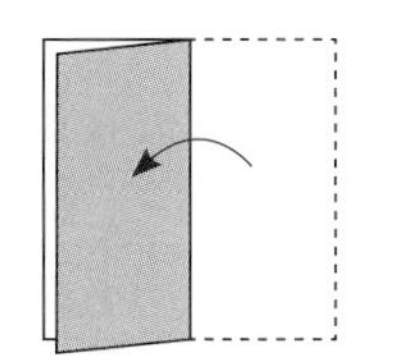

① 半分におる

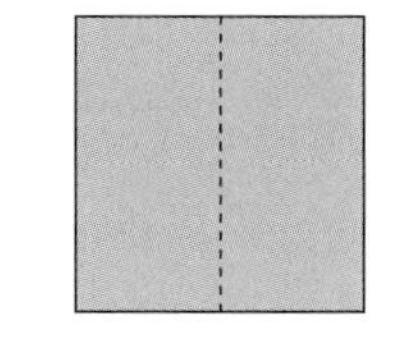

② 広げる

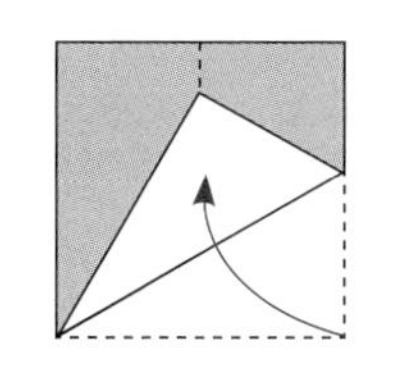

③ 右はしを、線に合わせて、しるしをつける

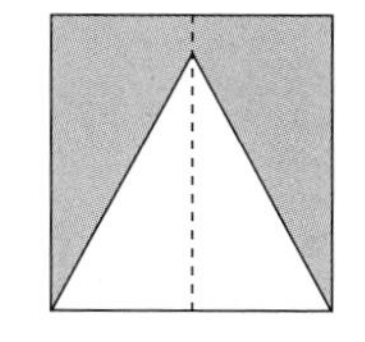

④ 三角形をかいて切る

**2** 同じ形の三角じょうぎ2まいを、図のようにならべました。何という三角形になりましたか。名前をかきましょう。

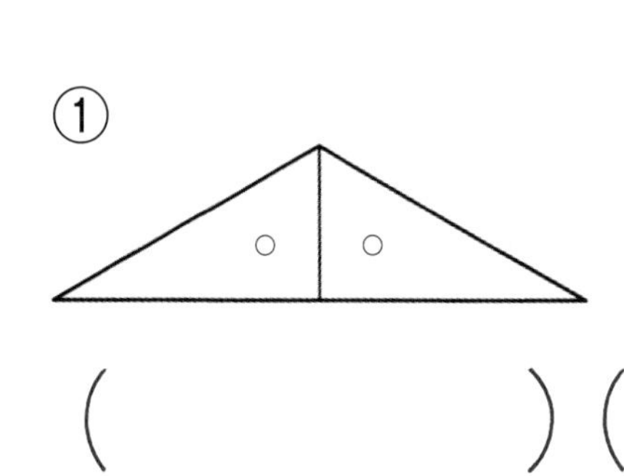

①

②

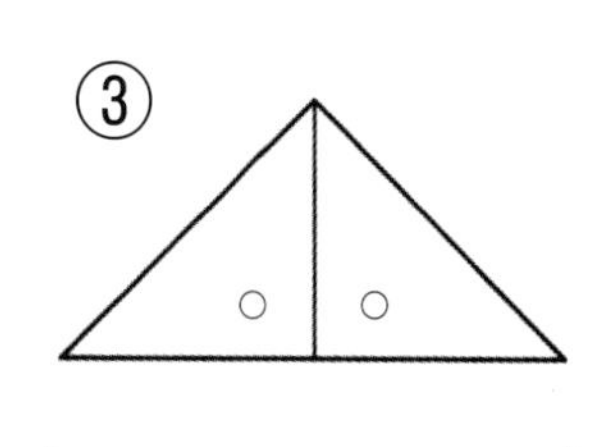

③

(　　　　)(　　　　)(　　　　)

月　　日

# 表とグラフ (1)

名前

学校で１週間に、けがをした人をしゅるいべつに分けた表(ひょう)です。

けがをした人

| しゅるい | 人数 | |
|---|---|---|
| ㋐すりきず | 正 正 下 | ㋐ 13 |
| ㋑うちみ | 正 丅 | ㋑ |
| ㋒つき指(ゆび) | 正 | ㋒ |
| ㋓鼻(はな)血(ぢ) | 㱏 | ㋓ |
| ㋔切りきず | 下 | ㋔ |
| ㋕ねんざ | 丅 | ㋕ |

① 上の表の「正(しょう)」の字（５人）でかいている人数を、右のわくにかきましょう。

一 丅 下 㱏 正
１ ２ ３ ４ ５

② けがをした人の人数を、下の表にまとめましょう。

けがをした人

| しゅるい | 人数（人） |
|---|---|
| ㋐すりきず | ㋐ |
| ㋑うちみ | ㋑ |
| ㋒つき指 | ㋒ |
| ㋓鼻血 | ㋓ |
| ㋔その他 | ㋔ |
| 合計 | ㋕ |

③ 「その他(た)」は、どんなけがですか。

(　　　　　　　　)
(　　　　　　　　)

④ 一番多いけがは何ですか。

(　　　　　　　　)

# 表とグラフ (2)

名前

✿ グラフを見て、答えましょう。

① たてじくは、人数を表(あらわ)しています。1めもりは何人ですか。

（　　　　　　）

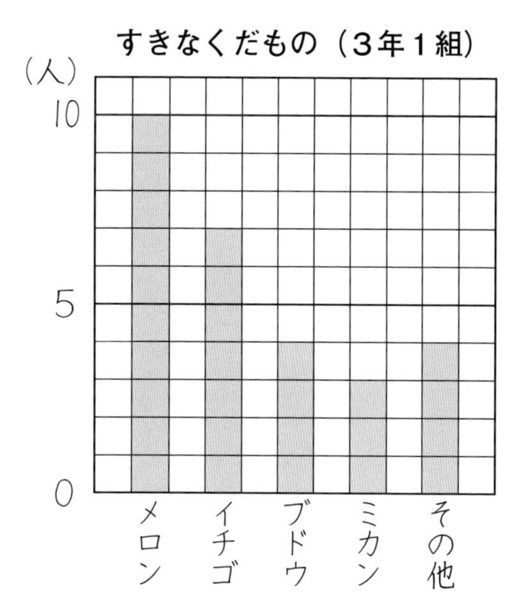


② 横(よこ)じくには、何をかいていますか。

（　　　　　　）

③ すきな人が一番多いくだものは何ですか。

（　　　　　　）

上のグラフを **ぼうグラフ** といいます。ぼうグラフは、ふつう、多いものじゅんに左からならべます。「その他」は一番右にします。

日、月、火、…、1年、2年、3年、…など、じゅんが決(き)まっているものは、そのじゅんにならべます。

グラフに表すと、多い・少ないがひと目でわかります。

# 表とグラフ (3)

名前

✿ 下の表をぼうグラフに表しましょう。

すきなスポーツ

| スポーツ | サッカー | 野球（やきゅう） | ドッジボール | その他（た） |
|---|---|---|---|---|
| 人数（人） | 12 | 9 | 5 | 6 |

① 横じくに、スポーツのしゅるいをかきましょう。

② たてじくに、一番多い人数がかけるように1めもり分の大きさを決（き）め、0、5、10などの数をかきましょう。

③ たてじくの一番上の（　）に、たんいをかきましょう。

④ 表題（ひょうだい）をかきましょう。

⑤ 人数に合わせて、ぼうをかきましょう。

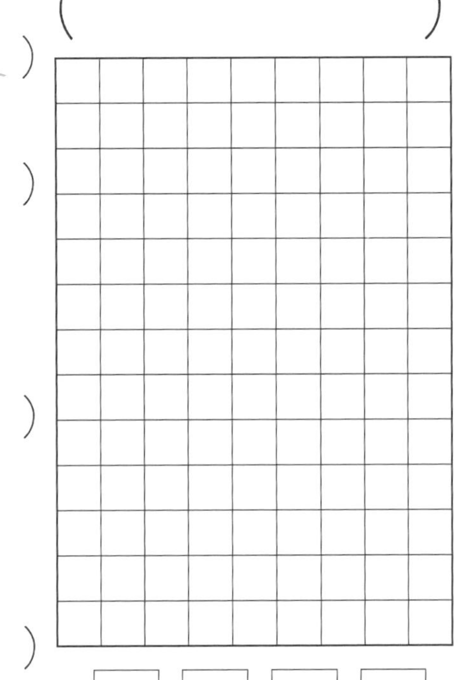

月　　日

# 表とグラフ (4)

名前

6月にほけん室に来た3年生の表です。表のあいているところに数をかきましょう。

**ほけん室に来た人（3年生）**

| 学級(がっきゅう) / しゅるい | 1組 | 2組 | 3組 | 合　計 |
|---|---|---|---|---|
| すりきず | 4 | 2 | 2 | ① |
| ふくつう | 2 | 1 | ③ | 5 |
| ずつう | 1 | ② | 0 | ④ |
| 切りきず | 0 | 1 | 0 | ⑤ |
| その他 | 2 | 3 | 2 | ⑥ |
| 合　計 | ⑦ | 8 | ⑧ | ⑨ |

②、③は、合計の人数から、わかっている人数をひいてもとめます。

①、④～⑧は、それぞれのらんの合計をもとめます。

⑨は、ほけん室に来た3年生全員(ぜんいん)の人数です。

# □を使った式 (1)

月　日

名前

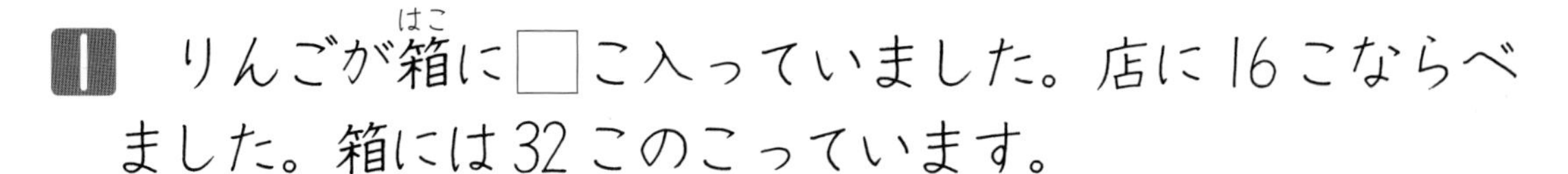

**1** りんごが箱に□こ入っていました。店に16こならべました。箱には32このこっています。

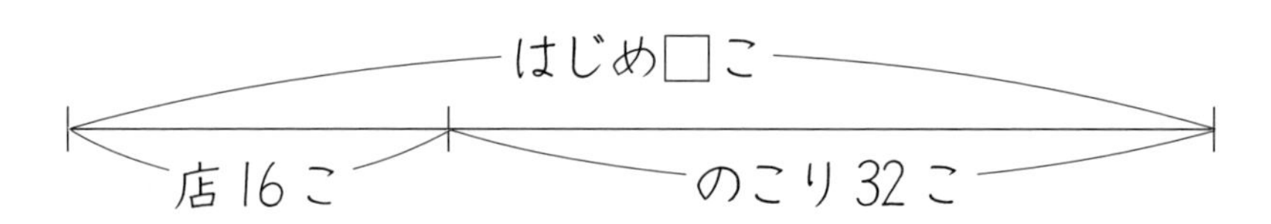


① □を使って、話のじゅんに式にしましょう。

□－16＝32

② 図を見て、□の数をもとめる式をかきましょう。

16＋32＝□

③ 箱にりんごは何こ入っていましたか。

式

答え

**2** りんごが箱に48こ入っています。お父さんが店に何こかならべました。のこりを数えると23こでした。

① お父さんが、店にならべた数を□こととして、話のじゅんに式にしましょう。

② □の数をもとめましょう。

式

答え

月　日

# □を使った式 (2)

名前

**1** さいころが同じ数だけ入っているケースが5こあります。さいころの数は、全部(ぜんぶ)で15こです。

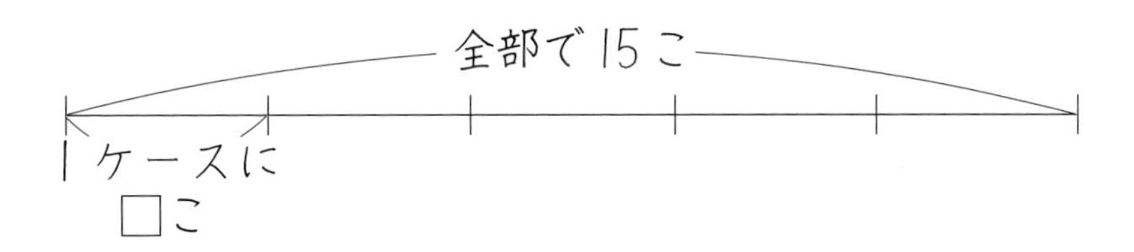


① □を使って、話のじゅんに式にしましょう。

□×5＝15

② 図を見て、□の数をもとめる式をかきましょう。

15÷5＝□

③ 1つのケースにさいころは何こ入っていましたか。

式

答え

**2** 35このおはじきがあります。同じ数ずつ分けたら、7人に分けられました。

① 1人分の数を□として、話のじゅんに式にしましょう。

② 1人分は、何こですか。

式

答え

月　　日

# □を使った式 (3)

名前

**1** ふくろにあめが18こ入っていました。お姉さんからいくつかもらいました。全部(ぜんぶ)の数を数えると、35こでした。

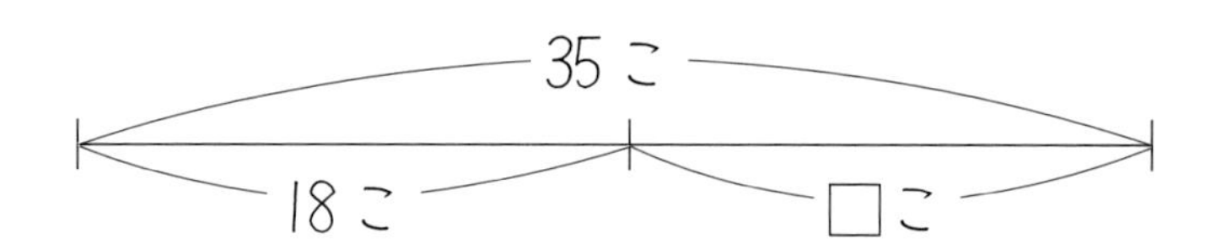


① お姉さんからもらったあめを□ことして、話のじゅんに式(しき)にしましょう。

② 図を見て、□の数をもとめる式をかきましょう。

③ お姉さんからもらったあめは何こですか。

式

答え

**2** 1箱(はこ)に20このまんじゅうが入っていました。家族(かぞく)みんなで□こ食べたら、13このこりました。□を使(つか)った式をかいてから、□の数をもとめましょう。

式

答え

# □を使った式 (4)

名前

**1** たん生日会でお母さんからあめが４こずつ入っているふくろをいくつかもらいました。全部あけて数えると 48 こありました。お母さんは、何ふくろくれましたか。

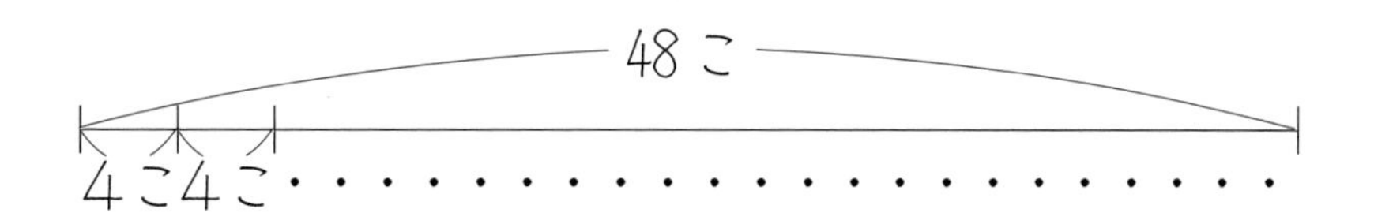


① お母さんがくれたふくろの数を□と考えて式をかきましょう。

② □をもとめる式にし、お母さんがくれたあめのふくろが、何ふくろかをもとめましょう。

式

答え

**2** 27 このみかんを友だちと同じ数ずつ分けることにしました。分け終（お）わったら１人３こずつでした。分けた人数を□として式をかき、何人で分けたかもとめましょう。

式

答え

# 答　え

〔P. 3〕

①

| 6点 | 4点 | 2点 | 0点 |
|---|---|---|---|
| 2 | 0 | 1 | 3 |

② ㋐　6×[2]=[12]
　㋑　2×[1]=[2]

③ 4×[0]=[0]

④ 0×[3]=[0]

〔P. 4〕

**1** ① 0　② 0
③ 0　④ 0
⑤ 0　⑥ 0
⑦ 0　⑧ 0
⑨ 0

**2** ① 0　② 0
③ 0　④ 0
⑤ 0　⑥ 0
⑦ 0　⑧ 0
⑨ 0

〔P. 5〕

**1** ① ㋐　4×[3]=12
　㋑　4×[2]+4=12

**2** 4×3=4×4−[4]
4

〔P. 6〕

① 3×4=12　12こ
② 4×3=12　12こ
③ 3×4=4×[3]

〔P. 7〕

**1** ① 6×4=[4]×6
② 8×3=[3]×8
③ 7×9=9×[7]
④ 5×2=2×[5]

**2** (しょうりゃく)

〔P. 8〕

① 894
② 679　③ 685
④ 968　⑤ 890
⑥ 889　⑦ 749

〔P. 9〕

① 945
② 841　③ 752
④ 753　⑤ 582
⑥ 652　⑦ 785

〔P. 10〕

① 635
② 458　③ 958
④ 819　⑤ 743
⑥ 506　⑦ 723

〔P. 11〕

① 464
② 616　③ 921
④ 665　⑤ 723
⑥ 644　⑦ 888

〔P. 12〕

① 701　② 601
③ 901　④ 803
⑤ 702　⑥ 604
⑦ 705　⑧ 600

〔P. 13〕

① 700　② 600
③ 404　④ 502
⑤ 802　⑥ 301
⑦ 202　⑧ 902

〔P. 14〕

① 8978　② 7645
③ 9899　④ 9265
⑤ 6684　⑥ 9263
⑦ 7625　⑧ 6728

〔P. 15〕

① 3631　② 5710
③ 8026　④ 9517

⑤ 5009　⑥ 12670
⑦ 11004　⑧ 14000

〔P. 16〕
① 841　② 995
③ 800　④ 903
⑤ 801　⑥ 541
⑦ 6996　⑧ 5900

〔P. 17〕
① 442
② 353　③ 625
④ 354　⑤ 642
⑥ 411　⑦ 321

〔P. 18〕
① 329
② 349　③ 613
④ 234　⑤ 318
⑥ 546　⑦ 449

〔P. 19〕
① 282
② 261　③ 294
④ 370　⑤ 282
⑥ 135　⑦ 368

〔P. 20〕
① 365
② 267　③ 249
④ 268　⑤ 189
⑥ 237　⑦ 229

〔P. 21〕
① 298　② 292
③ 193　④ 294
⑤ 192　⑥ 297
⑦ 199　⑧ 197

〔P. 22〕
① 699　② 392
③ 596　④ 427
⑤ 888　⑥ 767
⑦ 77　⑧ 39

〔P. 23〕
① 6215　② 2210
③ 1451　④ 1341
⑤ 4346　⑥ 2539
⑦ 1075　⑧ 3180

〔P. 24〕
① 4079　② 6770
③ 1469　④ 4759
⑤ 4699　⑥ 4366
⑦ 666　⑧ 896

〔P. 25〕
① 607　② 359
③ 368　④ 163
⑤ 595　⑥ 777
⑦ 3107　⑧ 4058

〔P. 26〕

**1**

| 千 | 百 | 十 | 一 万 | 千 | 百 | 十 | 一 |
|---|---|---|---|---|---|---|---|
| 1 | 4 | 0 | 6 | 4 | 6 | 9 | 6 |
|  | 9 | 2 | 4 | 0 | 4 | 1 | 1 |
|  | 8 | 8 | 4 | 2 | 5 | 2 | 3 |

**2**

| 千 | 百 | 十 | 一 万 | 千 | 百 | 十 | 一 |
|---|---|---|---|---|---|---|---|
|  | 7 | 8 | 9 | 0 | 0 | 0 | 0 |
|  | 7 | 5 | 2 | 0 | 0 | 0 | 0 |
| 1 | 5 | 4 | 1 | 0 | 0 | 0 | 0 |

① 七百八十九万
② 七百五十二万
③ 千五百四十一万

〔P. 27〕
**1** （しょうりゃく）
**2** ① 七百九十六万二千四百三十一
② 四千七百九十万三百六十五
**3** ① 3589万
② 8403万
**4** ① 82
② 250

〔P. 28〕

**1** ① 500000
② 1200000
③ 3000000
④ 4600000

**2**

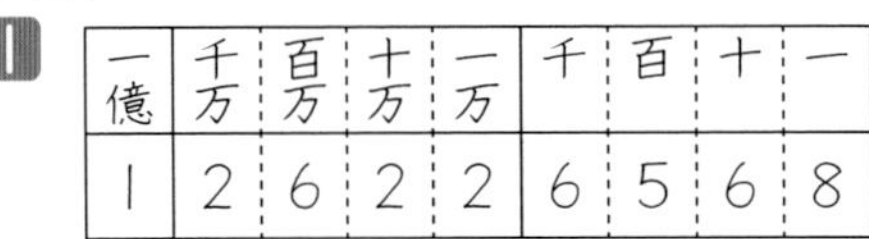


**3** 100000

**4** ① 230000
② 840000

**5** 1000000

〔P. 29〕

**1**

| 一億 | 千万 | 百万 | 十万 | 一万 | 千 | 百 | 十 | 一 |
|---|---|---|---|---|---|---|---|---|
| 1 | 2 | 6 | 2 | 2 | 6 | 5 | 6 | 8 |

**2** ① 100000000
② 99999999

〔P. 30〕

① 48
② 66 ③ 48 ④ 84
⑤ 62 ⑥ 64 ⑦ 86
⑧ 55 ⑨ 69 ⑩ 36

〔P. 31〕

① 78
② 92 ③ 57 ④ 98
⑤ 94 ⑥ 81 ⑦ 76
⑧ 45 ⑨ 84 ⑩ 98

〔P. 32〕

① 280
② 792 ③ 240 ④ 198
⑤ 340 ⑥ 237 ⑦ 140
⑧ 378 ⑨ 420 ⑩ 392

〔P. 33〕

① 468
② 826 ③ 488
④ 966 ⑤ 339
⑥ 464 ⑦ 846

〔P. 34〕

① 3672
② 2475 ③ 2892
④ 2751 ⑤ 1690
⑥ 4896 ⑦ 2090

〔P. 35〕

① 2716
② 2358 ③ 5904
④ 4536 ⑤ 6112
⑥ 6909 ⑦ 1504

〔P. 36〕

① 7560 ② 4560
③ 4228 ④ 2724
⑤ 4800 ⑥ 1800
⑦ 2220 ⑧ 4512

〔P. 37〕

① 96 ② 72 ③ 58
④ 330 ⑤ 595 ⑥ 468
⑦ 1472 ⑧ 3595 ⑨ 2610
⑩ 2936

〔P. 38〕

① 288
② 516 ③ 759 ④ 714
⑤ 416 ⑥ 992 ⑦ 924

〔P. 39〕

① 989
② 546 ③ 768 ④ 744
⑤ 636 ⑥ 868 ⑦ 918

〔P. 40〕

① 845
② 510 ③ 752 ④ 792
⑤ 875 ⑥ 598 ⑦ 672

〔P. 41〕

① 3854
② 2774 ③ 1728 ④ 1548
⑤ 1575 ⑥ 3431 ⑦ 2856

〔P. 42〕

① 2592

② 1748 ③ 3243 ④ 3384

⑤ 7220 ⑥ 6715 ⑦ 2964

〔P. 43〕

① 506 ② 552 ③ 462

④ 3358 ⑤ 1392 ⑥ 2380

⑦ 3332 ⑧ 6675

〔P. 44〕

① 9072

② 9460 ③ 7176 ④ 4893

⑤ 4148 ⑥ 4592 ⑦ 1596

〔P. 45〕

① 7412

② 8448 ③ 7396 ④ 8835

⑤ 8358 ⑥ 5888 ⑦ 7200

〔P. 46〕

① 25996

② 15932 ③ 29133

④ 42891 ⑤ 83126

〔P. 47〕

① 5346 ② 13752

③ 12408 ④ 15405

⑤ 53867

〔P. 48〕

① 6 ② 2

③ 6 ④ 3

⑤ 8 ⑥ 2

⑦ 6 ⑧ 4

⑨ 3 ⑩ 4

⑪ 1 ⑫ 3

⑬ 6 ⑭ 9

⑮ 5 ⑯ 3

⑰ 6 ⑱ 4

⑲ 2 ⑳ 3

㉑ 5 ㉒ 4

㉓ 8 ㉔ 2

㉕ 1 ㉖ 5

㉗ 7 ㉘ 3

㉙ 5 ㉚ 9

〔P. 49〕

① 7 ② 8

③ 5 ④ 6

⑤ 9 ⑥ 3

⑦ 7 ⑧ 9

⑨ 5 ⑩ 9

⑪ 7 ⑫ 7

⑬ 5 ⑭ 7

⑮ 9 ⑯ 4

⑰ 7 ⑱ 6

⑲ 8 ⑳ 5

㉑ 8 ㉒ 8

㉓ 9 ㉔ 7

㉕ 8 ㉖ 9

㉗ 2 ㉘ 6

㉙ 2 ㉚ 4

〔P. 50〕

① 1 ② 2

③ 3 ④ 4

⑤ 5 ⑥ 6

⑦ 7 ⑧ 8

⑨ 9 ⑩ 1

⑪ 2 ⑫ 3

⑬ 4 ⑭ 5

⑮ 6 ⑯ 7

⑰ 8 ⑱ 9

⑲ 1 ⑳ 2

〔P. 51〕

① 3 ② 4

③ 5 ④ 6

⑤ 7 ⑥ 8

⑦ 9 ⑧ 1

⑨ 2 ⑩ 3

⑪ 4 ⑫ 5

⑬ 6 ⑭ 7

⑮ 8 ⑯ 9

⑰ 1 ⑱ 2

⑲ 3 ⑳ 4

〔P. 52〕

① 5 ② 6

③ 7　④ 8
⑤ 9　⑥ 1
⑦ 2　⑧ 3
⑨ 4　⑩ 5
⑪ 6　⑫ 7
⑬ 8　⑭ 9
⑮ 1　⑯ 2
⑰ 3　⑱ 4
⑲ 5　⑳ 6

〔P. 53〕
① 7　② 8
③ 9　④ 1
⑤ 2　⑥ 3
⑦ 4　⑧ 5
⑨ 6　⑩ 7
⑪ 8　⑫ 9
⑬ 5　⑭ 3
⑮ 2　⑯ 8
⑰ 4　⑱ 6
⑲ 9　⑳ 9

〔P. 54〕
① 2　② 5
③ 0　④ 0
⑤ 1　⑥ 2
⑦ 2　⑧ 0
⑨ 3　⑩ 3
⑪ 4　⑫ 7
⑬ 6　⑭ 7
⑮ 6　⑯ 4
⑰ 8　⑱ 7
⑲ 9　⑳ 0
㉑ 5　㉒ 4
㉓ 9　㉔ 3
㉕ 4

〔P. 55〕
① 0　② 4
③ 6　④ 2
⑤ 5　⑥ 5
⑦ 6　⑧ 3
⑨ 6　⑩ 8
⑪ 1　⑫ 5
⑬ 7　⑭ 5
⑮ 5　⑯ 5
⑰ 2　⑱ 0
⑲ 2　⑳ 3
㉑ 1　㉒ 9
㉓ 8　㉔ 2
㉕ 3

〔P. 56〕
① 2　② 3
③ 3　④ 4
⑤ 7　⑥ 6
⑦ 6　⑧ 7
⑨ 3　⑩ 4
⑪ 6　⑫ 0
⑬ 2　⑭ 2
⑮ 2　⑯ 3
⑰ 3　⑱ 5
⑲ 5　⑳ 0
㉑ 5　㉒ 0
㉓ 2　㉔ 1
㉕ 5

〔P. 57〕
① 1　② 4
③ 4　④ 6
⑤ 0　⑥ 2
⑦ 1　⑧ 3
⑨ 3　⑩ 5
⑪ 6　⑫ 8
⑬ 5　⑭ 4
⑮ 3　⑯ 2
⑰ 4　⑱ 6
⑲ 8　⑳ 4
㉑ 9　㉒ 7
㉓ 0　㉔ 5
㉕ 6

〔P. 58〕
① 9あまり2　② 6あまり1
③ 7あまり3　④ 9あまり2
⑤ 8あまり2　⑥ 7あまり3
⑦ 9あまり1　⑧ 3あまり4
⑨ 6あまり1　⑩ 8あまり1
⑪ 9あまり2　⑫ 4あまり1
⑬ 9あまり4　⑭ 2あまり1

⑮ 6あまり3　⑯ 1あまり3
⑰ 6あまり6　⑱ 4あまり1
⑲ 8あまり2　⑳ 8あまり1

〔P. 59〕
① 6あまり2　② 9あまり7
③ 9あまり4　④ 2あまり3
⑤ 5あまり4　⑥ 7あまり3
⑦ 2あまり2　⑧ 3あまり6
⑨ 7あまり2　⑩ 8あまり4
⑪ 7あまり1　⑫ 7あまり1
⑬ 7あまり1　⑭ 6あまり1
⑮ 8あまり3　⑯ 5あまり3
⑰ 7あまり4　⑱ 7あまり2
⑲ 5あまり1　⑳ 9あまり1

〔P. 60〕
① 3あまり5　② 7あまり2
③ 5あまり1　④ 5あまり1
⑤ 5あまり3　⑥ 2あまり2
⑦ 8あまり1　⑧ 9あまり6
⑨ 7あまり1　⑩ 9あまり3
⑪ 5あまり2　⑫ 2あまり1
⑬ 2あまり1　⑭ 8あまり2
⑮ 2あまり1　⑯ 3あまり4
⑰ 6あまり2　⑱ 4あまり3
⑲ 9あまり6　⑳ 7あまり1

〔P. 61〕
① 2あまり4　② 6あまり3
③ 1あまり4　④ 2あまり2
⑤ 8あまり1　⑥ 9あまり2
⑦ 6あまり1　⑧ 5あまり6
⑨ 7あまり6　⑩ 4あまり2
⑪ 9あまり1　⑫ 8あまり3
⑬ 4あまり2　⑭ 3あまり1
⑮ 8あまり2　⑯ 9あまり3
⑰ 1あまり2　⑱ 7あまり2
⑲ 9あまり2　⑳ 2あまり1

〔P. 62〕
① 4あまり2　② 6あまり2
③ 8あまり2　④ 4あまり3
⑤ 7あまり2　⑥ 3あまり3
⑦ 4あまり2　⑧ 6あまり4
⑨ 5あまり3　⑩ 8あまり1
⑪ 4あまり4　⑫ 6あまり1
⑬ 2あまり5　⑭ 1あまり2
⑮ 9あまり1　⑯ 6あまり2
⑰ 6あまり1　⑱ 2あまり4
⑲ 5あまり4　⑳ 6あまり1

〔P. 63〕
① 1あまり1　② 6あまり5
③ 2あまり1　④ 3あまり2
⑤ 9あまり5　⑥ 1あまり1
⑦ 9あまり4　⑧ 4あまり5
⑨ 5あまり2　⑩ 5あまり2
⑪ 4あまり6　⑫ 7あまり5
⑬ 4あまり3　⑭ 2あまり4
⑮ 1あまり3　⑯ 2あまり1
⑰ 3あまり1　⑱ 4あまり4
⑲ 2あまり3　⑳ 9あまり3

〔P. 64〕
① 4あまり4　② 3あまり2
③ 5あまり1　④ 8あまり6
⑤ 3あまり5　⑥ 4あまり1
⑦ 1あまり2　⑧ 2あまり2
⑨ 4あまり5　⑩ 1あまり3
⑪ 4あまり7　⑫ 7あまり4
⑬ 3あまり2　⑭ 6あまり3
⑮ 5あまり4　⑯ 3あまり1
⑰ 2あまり1　⑱ 5あまり5
⑲ 4あまり1　⑳ 4あまり1

〔P. 65〕
① 3あまり1　② 3あまり2
③ 6あまり2　④ 2あまり2
⑤ 2あまり3　⑥ 7あまり2
⑦ 7あまり3　⑧ 1あまり4
⑨ 1あまり5　⑩ 3あまり2
⑪ 3あまり3　⑫ 3あまり4
⑬ 3あまり5　⑭ 6あまり4
⑮ 6あまり5　⑯ 8あまり2
⑰ 8あまり3　⑱ 8あまり4
⑲ 8あまり5　⑳ 1あまり3

〔P. 66〕
① 1あまり4　② 1あまり5

③ 1あまり6　④ 2あまり6
⑤ 4あまり2　⑥ 4あまり3
⑦ 4あまり4　⑧ 4あまり5
⑨ 4あまり6　⑩ 5あまり5
⑪ 5あまり6　⑫ 7あまり1
⑬ 7あまり2　⑭ 7あまり3
⑮ 7あまり4　⑯ 7あまり5
⑰ 7あまり6　⑱ 8あまり4
⑲ 8あまり5　⑳ 8あまり6

〔P. 67〕
① 1あまり2　② 1あまり3
③ 1あまり4　④ 1あまり5
⑤ 1あまり6　⑥ 1あまり7
⑦ 2あまり4　⑧ 2あまり5
⑨ 2あまり6　⑩ 2あまり7
⑪ 3あまり6　⑫ 3あまり7
⑬ 6あまり2　⑭ 6あまり3
⑮ 6あまり4　⑯ 6あまり5
⑰ 6あまり6　⑱ 6あまり7
⑲ 7あまり4　⑳ 7あまり5

〔P. 68〕
① 7あまり6　② 7あまり7
③ 8あまり6　④ 8あまり7
⑤ 1あまり1　⑥ 1あまり2
⑦ 1あまり3　⑧ 1あまり4
⑨ 1あまり5　⑩ 1あまり6
⑪ 1あまり7　⑫ 1あまり8
⑬ 2あまり2　⑭ 2あまり3
⑮ 2あまり4　⑯ 2あまり5
⑰ 2あまり6　⑱ 2あまり7
⑲ 2あまり8　⑳ 3あまり3

〔P. 69〕
① 3あまり4　② 3あまり5
③ 3あまり6　④ 3あまり7
⑤ 3あまり8　⑥ 4あまり4
⑦ 4あまり5　⑧ 4あまり6
⑨ 4あまり7　⑩ 4あまり8
⑪ 5あまり5　⑫ 5あまり6
⑬ 5あまり7　⑭ 5あまり8
⑮ 6あまり6　⑯ 6あまり7
⑰ 6あまり8　⑱ 7あまり7
⑲ 7あまり8　⑳ 8あまり8

〔P. 70〕
① 1　② 8
③ 6　④ 0
⑤ 2　⑥ 9
⑦ 8　⑧ 6
⑨ 0　⑩ 5
⑪ 3あまり2　⑫ 4あまり2
⑬ 5あまり1　⑭ 5あまり1
⑮ 2あまり1　⑯ 5あまり7
⑰ 3あまり6　⑱ 5あまり2
⑲ 7あまり1　⑳ 5あまり2

〔P. 71〕
① 3あまり1　② 1あまり6
③ 3あまり3　④ 1あまり7
⑤ 4あまり4　⑥ 2あまり6
⑦ 5あまり6　⑧ 2あまり5
⑨ 3あまり2　⑩ 4あまり4
⑪ 3あまり4　⑫ 4あまり8
⑬ 7あまり2　⑭ 7あまり2
⑮ 5あまり7　⑯ 8あまり5
⑰ 6あまり4　⑱ 2あまり5
⑲ 2あまり2　⑳ 7あまり1

〔P. 72〕
**1** ① 0.5　② 0.8
**2** 1.7

〔P. 73〕
**1** ① 0.6　② 1.3　③ 2.4
**2** ① 0.8L　② 1.9L　③ 2.5L

〔P. 74〕
**1** ① ㋐ 0.1　㋑ 0.5　㋒ 0.9
② ㋐ 0.3　㋑ 0.8　㋒ 1.5
㋓ 1.9　㋔ 2.6
**2** 0　1　2　3　4
↑㋐　↑㋑　↑㋒　↑㋓　↑㋔

〔P. 75〕
**1** ① 0.3　② 0.4　③ 0.7
**2** ① 1.4　② 1.7　③ 2.1
**3** ① 1.2　② 1.9　③ 2.5

**4** ① 1.1　② 1.7　③ 2.4

〔P. 76〕

① 7.8　② 2.7
③ 0.8　④ 6.5
⑤ 3.4　⑥ 1.2
⑦ 4.2　⑧ 8.1
⑨ 10.5　⑩ 10.6
⑪ 13.2　⑫ 14.2
⑬ 16.2　⑭ 13.5

〔P. 77〕

① 4.1　② 3.1
③ 6.7　④ 1.6
⑤ 2.6　⑥ 7.5
⑦ 21.4　⑧ 33.8
⑨ 49.8　⑩ 7.7
⑪ 6.6　⑫ 9.7

〔P. 78〕

① 6　② 3
③ 9　④ 10
⑤ 10　⑥ 10
⑦ 16　⑧ 7.5
⑨ 9.8　⑩ 9.9
⑪ 11.6　⑫ 4.1
⑬ 5.8

〔P. 79〕

① 6　② 4　③ 6
④ 0.2　⑤ 0.3　⑥ 0.8
⑦ 6.4　⑧ 1.7　⑨ 5.2
⑩ 9.1　⑪ 8.7

〔P. 80〕

① $\frac{3}{4}$m　② $\frac{2}{5}$m　③ $\frac{5}{8}$m

〔P. 81〕

**1** $\frac{\boxed{4}}{\boxed{4}}$

**2** ① 1　② 5

**3** ① $\frac{6}{6}$　② $\frac{7}{7}$　③ $\frac{8}{8}$　④ $\frac{10}{10}$

〔P. 82〕

① $\frac{2}{3}$　② $\frac{3}{4}$
③ $\frac{5}{8}$　④ $\frac{5}{7}$
⑤ $\frac{5}{6}$　⑥ $\frac{5}{9}$

〔P. 83〕

① $\frac{1}{5}$　② $\frac{3}{8}$
③ $\frac{4}{7}$　④ $\frac{4}{9}$
⑤ $\frac{3}{10}$　⑥ $\frac{1}{6}$

〔P. 84〕

**1** ① $\frac{5}{5}=1$

② $\frac{7}{7}=1$　③ $\frac{9}{9}=1$

④ $\frac{4}{4}=1$　⑤ $\frac{8}{8}=1$

**2** ① $\frac{6}{6}-\frac{1}{6}=\frac{5}{6}$

② $\frac{3}{3}-\frac{1}{3}=\frac{2}{3}$　③ $\frac{5}{5}-\frac{3}{5}=\frac{2}{5}$

④ $\frac{7}{7}-\frac{4}{7}=\frac{3}{7}$　⑤ $\frac{8}{8}-\frac{5}{8}=\frac{3}{8}$

〔P. 85〕

① $\frac{2}{3}$　② $\frac{1}{3}$
③ $\frac{3}{5}$　④ $\frac{2}{5}$
⑤ $\frac{4}{5}$　⑥ $\frac{5}{9}$
⑦ $\frac{3}{7}$　⑧ $\frac{3}{7}$

⑨ $\frac{4}{7}$　⑩ $\frac{3}{7}$

〔P. 86〕

① $\frac{5}{5}=1$　② $\frac{8}{8}=1$

③ $\frac{6}{6}-\frac{5}{6}=\frac{1}{6}$　④ $\frac{8}{8}-\frac{5}{8}=\frac{3}{8}$

⑤ $\frac{9}{9}=1$　⑥ $\frac{5}{5}=1$

⑦ $\frac{9}{9}=1$　⑧ $\frac{10}{10}=1$

⑨ $\frac{10}{10}-\frac{1}{10}=\frac{9}{10}$　⑩ $\frac{8}{8}-\frac{3}{8}=\frac{5}{8}$

〔P. 87〕

① $\frac{\boxed{9}}{10}$　② 0.9

③ $\frac{\boxed{7}}{10}$　④ 0.3

⑤ 0.8

〔P. 88〕

1

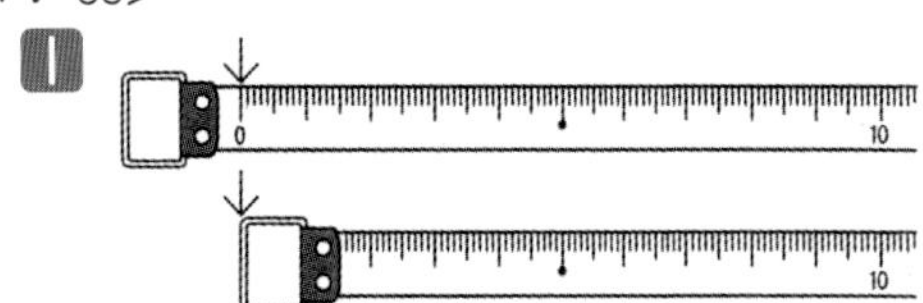

2 1m30cm

〔P. 89〕

1 ① 500＋510＝1010　1010m
② 550＋900＝1450　1450m

2 810m

〔P. 90〕

1 （しょうりゃく）

2 1km360m

3 ① 1km230m
② 3km400m

4 ① cm　② km　③ m

〔P. 91〕

① 700m　② 500m

③ 1000m（1km）　④ 500m

⑤ 1km　⑥ 2km

⑦ 18km　⑧ 15km

⑨ 4km　⑩ 2km500m

⑪ 680m　⑫ 4km200m

〔P. 92〕

① 300g　② 3kg

〔P. 93〕

① 1kg200g　1200g

② 1kg850g　1850g

〔P. 94〕

1 ① 1000　② 1000

2 ① g
② g，kg，g
③ kg，t，kg
④ g
⑤ kg
⑥ t

〔P. 95〕

① 850g　② 500g

③ 1kg300g（1300g）　④ 700g

⑤ 1kg210g（1210g）　⑥ 4kg200g

⑦ 2kg　⑧ 7kg

⑨ 8kg200g　⑩ 1kg800g

⑪ 11t　⑫ 4t

〔P. 96〕

① 20分（間）

② 45分（間）

③ 7時間30分

〔P. 97〕

1 午前11時20分

2 午後3時40分

3 ① 午前5時50分
② 午前10時20分

〔P. 98〕

**1** ① 65秒　② 90秒

**2** ① 1分35秒　② 1分50秒

**3** ① 秒　② 分

③ 時間　④ 日間

〔P. 99〕

**1** ① 70

② 1、5

③ 1、10

**2** 1時間40分

**3** 10時50分

〔P. 100〕

① イ　② 中心（円の中心）

〔P. 101～P. 103〕

（しょうりゃく）

〔P. 104〕

**1** ① ㋐ 中心

㋑ 直径

㋒ 半径

② 円

**2** 16÷2=8　8 cm

〔P. 105〕

正三角形　㋑，㋔，㋕

二等辺三角形　㋐，㋒，㋓

〔P. 106～P. 108〕

（しょうりゃく）

〔P. 109〕

**1** （しょうりゃく）

**2** ① 二等辺三角形

② 正三角形

③ 二等辺三角形，または直角二等辺三角形

〔P. 110〕

① ㋐ 13　㋑ 7　㋒ 5

㋓ 4　㋔ 3　㋕ 2

② ㋐ 13　㋑ 7　㋒ 5

㋓ 4　㋔ 5　㋕ 34

③ 切りきず，ねんざ

④ すりきず

〔P. 111〕

① 1人

② （すきな）くだもの

③ メロン

〔P. 112〕

①～⑤

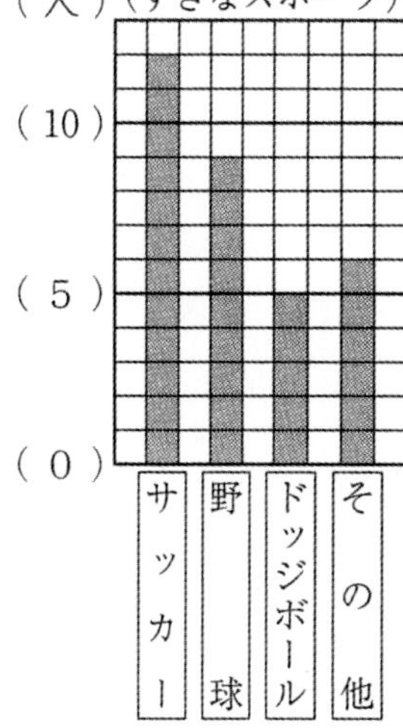


〔P. 113〕

① 8　② 1　③ 2

④ 2　⑤ 1　⑥ 7

⑦ 9　⑧ 6　⑨ 23

〔P. 114〕

**1** ① □−16=32

② 16+32=□

③ 16+32=48　48こ

**2** ① 48−□=23

② 48−23=25　25こ

〔P. 115〕

**1** ① □×5=15

② 15÷5=□

③ 15÷5=3　3こ

**2** ① 35÷□=7

② 35÷7=5　5こ

〔P. 116〕

**1** ① 18+□=35

② 35−18=□

③ 35−18=17　17こ

**2** 20－□＝13
20－13＝7　7こ

〔P. 117〕

**1** ① 4×□＝48
② 48÷4＝12　12ふくろ

**2** 27÷□＝3
27÷3＝9　9人